做事要学会选择，做得放弃；做人要看轻名利，看淡得失。

其实你能
做更好的选择

ZUO GENGHAO DE XUANZE
QISHI NINENG

谭晓明◎编著

中国华侨出版社

图书在版编目（CIP）数据

其实你能做更好的选择／谭晓明编著 . —北京：中国华侨出版社，2014.8
（2021.4重印）

ISBN 978 - 7 - 5113 - 4838 - 8

Ⅰ. ①其… Ⅱ. ①谭… Ⅲ. ①人生哲学 – 通俗读物
Ⅳ. ①B821 – 49

中国版本图书馆 CIP 数据核字（2014）第 187883 号

● 其实你能做更好的选择

编　　著／谭晓明
责任编辑／文　慧
封面设计／智杰轩图书
经　　销／新华书店
开　　本／710 毫米 ×1000 毫米　1/16　印张 18　字数 220 千字
印　　刷／三河市嵩川印刷有限公司
版　　次／2014年11月第1版　2021年4月第2次印刷
书　　号／ISBN 978 - 7 - 5113 - 4838 - 8
定　　价／48.00 元

中国华侨出版社　　北京朝阳区静安里 26 号通成达大厦 3 层　　邮编 100028
法律顾问：陈鹰律师事务所
编辑部：（010）64443056　　64443979
发行部：（010）64443051　　传真：64439708
网　　址：www.oveaschin.com
e - mail：oveaschin@ sina.com

前 言

　　人生就是充满了选择题的题库，在这个题库中，选择题是最常见的题型，并且在这个题库中，不存在多选题，你没有选择多个答案的权限。因此，如果你想要做对这些选择题，就要学会一些基本的技巧，领悟一些关于做选择方面的手法，就如同雕刻一尊石像一样，你要学会基本的雕刻手法，才能够雕刻出栩栩如生的图案，人生的选择也是一样，只有学会了"单选题"的技巧和手法，你才能选择正确前进的道路。当然，每个人和每个人的"选择题"内容是不一样的，所以这就要每个人学着做好自己人生的每一道"选择题"。

　　选择，说简单也简单，说复杂也复杂。选择正确了你或许会很快走出迷雾森林，享受到明朗阳光的抚慰。选择错误，或许你的人生中会出现一段时间的阴霾天气，天天像是活在迷雾森林中一样压抑。由此可见，选择不管对谁来讲都是十分重要的。在很多时候，你或许能够做出很好的选择，只是因为一些内在的、外在的、身体的、心理的原因，从而影响了你"做题"的速度和正

1

确率。在人生的题库中，其实你能够做得更好，那就要你能否掌握住一些固有的技巧。

要想做好一个人生选择需要很多的因素，因此你就要学会掌握不同的因素在你抉择中所起到的作用，分析这些作用，你会发现缺少这些因素的不同，在人生的课题中，充满着大大小小的抉择。有的人或许会被多重选项困扰，不知选择哪项，更多的人是害怕自己选择错误之后，错失其他更好的选择。由此可见，选择适合自己的选项往往是一个好的选择，在这个过程中，你要学着摆脱情绪的干扰、坚定自我信念、抓住必要的转折，最终摆脱冰与火的纠结，做出适合你的选择，让自己的人生中不再有缺陷，起码能够减少缺陷。

人生各种选择的过程往往是人心充满挣扎和纠结的过程，很多时候，面对选择前的纠结像是炼狱一样炙烤你的内心，让你不知所措。如果这个时候你能够稳定自己的内心，最终你会看清自己要选择的那条路。当你选择结束后，所得到的结果或许不是你想要的，也或许比你想要的结果还要好，那么这个时候你也要思索，思索怎样让自己摆脱选择失败的痛苦，思考自己选择正确的因素。这样一来，你会发现以后的"选择题"都有着相同的原理。做出适合你的选择也将不是一件难事。

编者

目 录

上篇　冰与火的思绪，炼狱般地纠结

第一章　人生抉择时保持坚定信念 ················· 3

打破外在因素的干扰，选择属于自我的那份真实 ······ 4

走自己的路，不管别人怎么说 ················· 8

人生没有如果 ················· 12

压力是自己给的，不要自我加压 ················· 16

"无所谓"不应该是你的口头禅 ················· 21

目标是怎样，就要执着走下去 ················· 25

学着仰望整片天空 ················· 29

本章小结 ················· 34

第二章　真正的人生没有岔路 ················· 35

扪心自问"我想要的是什么" ················· 36

欲望之巅往往是绝壁悬崖 ················· 41

学着将自己的优势转化成价值 ················· 46

金钱铺垫的道路充满荆棘 ················· 50

虚伪的面具经不住真实的考验 ················· 53

活着不是为了玩个性 ················· 57

敢于面对自己弱势的内心 ················· 61

本章小结 ················· 66

第三章　甩掉情感线上的乌鸦 ················· 67

不要让负面感情麻醉你的心灵 ················· 68

愤怒往往是理智的禁忌 ················· 72

让内心重新恢复平静 ················· 77

妒忌别人就是在惩罚自己 ················· 82

忘记昨天的不快,选择今天的美好 ················· 87

用放弃挣脱感情的牢笼 ················· 91

假如感情面对生死抉择 ················· 96

爱的咖啡冷却,心的路程还需温暖 ················· 99

本章小结 ················· 104

中篇　舍弃火的炙热,成就冰的坚强

第四章　那些本不该有的浮躁奢华 ················· 107

舍弃眼前的诱惑,放眼最后的辉煌 ············· 108

拣选机遇顺势而为 ····························· 111

有时,不幸恰恰是一种幸运 ··················· 114

适合自己的才是最好的 ······················· 117

凡事忍耐,面对选择要三思 ··················· 122

顺应时间,欲速则不达 ······················· 125

难得糊涂,凡事不必太较真儿 ··············· 130

在选择中总结,在选择中收获 ··············· 133

本章小结 ····································· 138

第五章　拣选意气相投的合适人选 ············· 139

选择的考验不是有意刁难 ··················· 140

他真的是你的另一半吗 ····················· 143

目录

工作中的双项选择 ……………………………… 148

患难见真情 …………………………………… 151

考验自己的定力,选择自己的职业 …………… 153

投缘是人与人最好的选择 ……………………… 157

有技巧地选择合作伙伴 ………………………… 161

本章小结 ……………………………………… 166

第六章　在岔路口峰回路转 …………………… 167

人生总有那么几个转折点 ……………………… 168

不要错过每个转变的机会 ……………………… 172

面对转折,绽放从容笑容 ……………………… 176

在选择与坚持中等待雨过天晴 ………………… 181

稳定心态,转身也要绚丽多彩 ………………… 185

谁说回头路不可以重新走 ……………………… 189

转变思想,努力成功 …………………………… 194

本章小结 ……………………………………… 198

下篇　无悔昨天选择，坦荡应对今生

第七章　选择真实自我，不受外界干扰 …………………… 201

选择不过是人生的必然 …………………… 202

人生难有完美结局 …………………… 205

今天的雾气怎能影响明天的阳光 …………… 210

坦然接受，只求问心无愧 …………………… 214

执着于事物的内在之美 …………………… 218

别让双眼蒙骗了自己 …………………… 222

本章小结 …………………… 226

第八章　选择转变视角，心绪云淡风轻 …………… 227

逆向思维，顺势抉择 …………………… 228

用旁观者的心态看待结果 …………………… 232

高傲是失败的助推器 …………………… 236

目录

5

不管结局如何,都要庆幸收获 …………………… 240

兴奋之余看看其他的路 …………………… 244

即便绝境悬崖,也不要怨天尤人 …………………… 249

本章小结 …………………… 254

第九章　在不断总结中,找到归乡之路 …………………… 255

教训是金,只有总结才能发光 …………………… 256

破译误区的谜团 …………………… 260

选择对与错,都是一笔难得的财富 …………………… 265

昨天的岔路,今天不可走 …………………… 269

总分总,一样可行 …………………… 272

本章小结 …………………… 277

上篇

冰与火的思绪，炼狱般地纠结

第一章　人生抉择时保持坚定信念

第二章　真正的人生没有岔路

第三章　甩掉情感线上的乌鸦

第一章　人生抉择时保持坚定信念

你的目标有多大，你的心就有多大，每一个成功的人都具备一个特质，那就是具有坚定的人生信念，在信念面前，他们从来不会屈服，即便是遇到再大的困难，也会将自己的信心鼓足，然后选择一条通向成功的道路。只要是下定决心，那么一切的挫折就是瞬间的转换，自己最终会在人生抉择面前成为勇者。

打破外在因素的干扰，选择属于自我的那份真实

你的生活是一个人的生活，但是又不是一个人的生活，每个人都有自己的生活，但是每个人的生活又离不开其他人。因为每个人都是生活在别人的周围，相对于别人来讲，你就属于外围环境的一部分。所以说要注意你的环境，排除环境对你的影响，从而实现自己成功的选择。

当你走在人群中，你会发现自己很渺小，就像是沧海一粟。不要小瞧自己，要知道自己的存在往往会给自己身边的人或者是事情带来一定的影响。同样地，你身边的人或者是事情往往也会影响到你的心情和情绪，如果在面对人生选择的时候，你的情绪受到了外界各种因素的影响，那么你很可能做出错误的选择，所以说当你遇到人生抉择时，一定要排除外界对自己的干扰，从而做出更好的选择。

你的一切都不仅仅是属于你的，包括你的情绪，因为在很多时候，你的情绪往往会受到其他人的心情的影响，同样地，你的心情往往也会影响到其他人。因此，你就要学会排除其他人对你

的干扰，尤其是当你遇到重大抉择的时候，更要让自己的思绪变得稳定，从而让自己做出正确的抉择。

在生活中，你不可能不受到别人或者是外界的影响，那么你要怎么做才能够排除外界对你的影响呢？

要坚持自己的决定，只要是自己经过详细地思考之后认为是正确的决定，不管对方或者是周围的人说什么，都要坚持自己的决定，你可以听听别人的意见或是建议，但是不要因为你周围的人的言语而改变自己的决定，除非是你确定对方的意见是真正地为你好，要学会对自己负责，从自己的选择做起，做一个对自己的决定负责的人。

或许在你的生活中，你会觉得自己的生活不够精彩，也或者你会觉得自己的生活不如别人的生活那么绚丽多姿。不要因为别人的幸福而阻碍自己的选择，要懂得自己追求的和别人的是不一样的，每个人和每个人的决定都是不一样的，不要单独地认为自己的决定是不好的。不要因为别人的生活而影响到自己的决定。

李楠和打算在家乡开一家面粉加工厂，资金也已经备齐了，场地也找好了，正当他打算盖加工厂的时候，听到别人说现在的面粉加工厂没有赚钱的，再加上这两年小麦价格有所上涨，很多时候人们习惯了去买面粉，也不想将小麦放到面粉厂里。当他听到这个之后，便打消了开面粉加工厂的打算。

一年之后，他发现一家面粉厂的规模越来越大，经营得也十分红火，因此十分地后悔。后悔自己当初不应该受到周围环境的影响，从而影响了自己的计划。

外界对一个人影响的力量，有的时候是十分强大的，很多时候这种影响往往是负面的影响。但是，即便很多人能够认识到这种影响的力量，也还是无法抵挡这种影响。一个人要想做出适合自己的决定，就要学会不受外界的干扰，让自己的选择有一定的独立性，这样你才不会后悔自己的抉择。

一个女孩儿打算凭借自己的力量来供两个贫困的孩子上学，她的朋友都不支持她，因为她的身体不太好，不希望她因为这两个孩子而加大她的工作压力，这对于她来讲无疑是一件坏事，但是她坚持这样做。最终，她支援的两个孩子都考上了大学。

每个人都有自己的选择，要学会摆脱外界的影响。外力往往很强大，不管是别人的一言还是一行，在很多时候都会影响到一个人的内心世界。在很多时候，你的决定会因为对方的一个动作而改变，有的时候，别人的一个眼神会让你犹豫不决，所以说外界的影响力往往是难以预料的，不要小瞧外界的影响力，要坚持自己的决定。

你生活在一个社会中，在你的周围存在的一切的人和物，都会对你的选择产生一定的影响，要知道这种影响可能是消极的也可能是积极的。但是，在很多时候你要想实现自己的目标，就必须要摆脱外界对你的干扰，摆脱其他人对你的选择产生一定的消极影响。选择属于自己的生活，因为这只是你自己的生活。在你的选择过程中，你自己应该最明白自己想要的是什么，自己的人生中需要什么样的生活，如果你能够认清自己，了解透彻自己，那么最终你就会实现自己的成功选择。

其他的人和事或许并不是故意对你产生影响的，但是，如果一旦产生了影响，千万不要让他们阻挠了你的前进。在人生前进的道路上，阻碍你的因素会有很多，千万不要让外界无意间的影响阻碍你的选择。克服外界对你的干扰，找到属于自己的前进方向，最终你会发现自己的生活已经变得相当的美好。

拥有更好选择的秘诀

只要你站在大道上，就会感受到吵吵闹闹的人群，只要是有人的地方，都会带给你一定的感受，所以说你的感受很多时候是别人或者是你周围的环境赋予的，所以说不要以为这样的环境不会影响你的生活，相反，别人的生活往往会影响到你的抉择，这就是社会的力量，这就是外界的力量。生活在社会中，那么你就要学会适应外界，那么在适应的同时要学会摆脱外界对你的干扰，从而做出适合自己的抉择。

走自己的路，不管别人怎么说

不管在什么时候，你都要相信自己选择的人生之路是属于自己的，不要让自己的人生路成为别人意志的体现，不要拿自己的人生路帮助别人做实验，所以说在生活中，你要勇敢选择自己的人生之路。

谁甘愿做别人意志的试验品，谁又甘愿让自己的人生变成别人指挥的产物。在生活中我们经常看到有的父母总是喜欢将自己的意志转嫁到孩子的人生上，也经常会看到很多孩子会出现"叛逆"的情况，叛逆地选择父母不喜欢的道路，其实父母的初衷是好的，也是希望自己的孩子少走弯路，而孩子却觉得自己的人生应该由自己掌控，当然这只是一种常见的现象。在生活中，一个人要坚定地走自己选择的道路，即便别人有建议或者是意见，也要走自己正确的路，不要因为别人的话而让自己的生活变得后悔莫及。

坚持走自己的路，让别人随便去说，最终只要追求对得起自己的良心和选择好自己的路。不要因为别人轻而易举的一句话而让自己选择不合自己心意的道路。当你做出一个选择的时候，或许会有人反对你的选择，其中反对的人往往是你最亲近或者是你在乎的人，他们的言语和建议往往会占有很大的分量。这样一来，你的内心发生动摇也是很常见的事情，或许因为他们的话你会放弃自己原本的选择，最终跟随他们的心愿，如果结局是好的，那么你也可能不会感觉到什么，如果结果不是你想要的，那么你可能会后悔自己曾经的选择。

李建安在大学里学的是新闻学，大学毕业后，原本他自己找了一家私企，在这家私企中做网站编辑，他对这份工作很感兴趣，但是因为这份工作是在离家很远的城市，所以他的父母一致要求他回来，最终他听从父母的意愿，回到了县城，在县里的电视台工作。结果，因为电视台改革，他最终失去了这份工作。

在我们的生活中，这样的事情是很常见的现象，尤其是现在的大学生，很多都是跟随父母的意愿而选择的工作，但是这样的选择是否对自身有好处？一个人如果连自己的人生都无法掌控，那么这个人的人生往往不会快乐。

很多人赚很多钱，有很高的地位，但是他们并不感觉到快乐，这是为什么？答案很简单，因为他们所拥有的并不是自己的选择，或者说他们现在拥有的并不是自己内心真正想要的。当你面对人生抉择的时候，要记得自己内心所想要的或者是自己内心所要达到的目的，只有明白自己内心所要的，才能够知道自己想要走的路是什么，最终选择自己想要的路。

怎样才能够坚定自己的思想，做出适合自己的选择，这点很重要。要想做到这点就要排除别人的干扰，或者说在你做出决定之前，你可以坚定地先做出选择，然后再告诉别人，即便自己失败了，那么也是自己的选择，也不会后悔。"先斩后奏"也可能是一个很好的办法，这个办法很适合那些做选择总是犹豫的人，或者是容易受到别人影响的人。

王茜茜高考后，在选择自己专业的时候就是"先斩后奏"，她的父母希望她当护士，以后进医院，但是她不喜欢护士这个职业。于是，她自作主张地填报完志愿后才告诉父母，这样一来，她的父母也只能够遵从她的意见。

王茜茜之所以能够按照自己的意愿来填报志愿，是因为她坚持了自己，坚持了自己的梦想，要知道不管是在生活中，还是在工作中，一个人要想实现自己的成功，就要学会坚持自己的梦想。你的梦想或许不是多么伟大的，但是一定要有自己的理想，只有遵从自己内心的理想，你才能够实现自己的最终成功，如果你总是无法按照自己的意愿办事，那么不管你拥有多么高尚的理想，不管你拥有多么远大的梦想，你也不会实现自己的成功，更加不会找到属于自己的那条通往成功的路。

在生活中，我们经常会看到有的人因为一些外界的因素，或者是因为一些客观的原因，而放弃了自己的梦想，当自己发现自己放弃的梦想是那么可贵的时候，又会十分后悔。要知道"追悔莫及"这个成语的含义，在很多时候，后悔仅仅是懦弱者的表现，也往往是一个没有坚定自己理想的人的表现。不管你的梦想是怎么样的，如果你能够坚持下来，坚持自己的人生道路，最终你会发现只要是自己坚持了，也就一定能够实现自己的成功，如果你不懂得坚持到底，不懂得追悔莫及的感受，那么最终，即便你跟随了别人的意见或者是思想，也不会拥有满足感，因为这些毕竟不是你真心所向往的。

每个人的人生都应该有属于自己的特点，而这种特点往往只有自己知道，如果你的人生总是充满了别人的思想和意见，在你的人生道路上，你总是跟随别人的思想，随大流地去处理事情，那么最终你会发现自己的成功已经变得失败，自己的人生已经成为别人的垫脚石，最终，自己的人生道路将变得曲折不堪。因此，既然你拥有了自己的正确的人生方向，那么就要毫不动摇地坚持到底，不管别人说什么，也不管别人到底在意什么，只要坚持到底，你就能够让自己的人生绽放出异样的花朵，散发出芬芳的气息。

每个人都应该有自己想要走的路，不管你选择哪条路，都要想到自己的选择是不是符合自己的意愿。在生活中，如果你经常会受到别人意愿的干扰，或者他人的选择和建议是真心地为你好，但是，不是你想要的结果，这样也不会达到应有的效果。

拥有更好选择的秘诀

走自己的路，让别人说去吧。当你走在自己选择的道路上的时候，你会从内心里感觉到快乐。当你听从别人的意愿，选择走别人为你选择的人生路的时候，即便你很成功，你也不会感觉到满足和快乐，这样一来，你可能会加快速度走这条路，最后，还是无法感觉到兴奋。所以说要坚定不移地走自己的路，最终实现自己的人生价值，做出更加适合自己的人生抉择。

人生没有如果

你一定听过梁静茹的那首《如果》吧，这首歌中不停地唱着"如果，如果，没有如果"。当然她的这首歌唱的是爱情观，在爱情面前，"如果"只是假设，假设自己能够获得更多的东西，假设自己能够获得对方的爱，一切都是假设，但是"如果"充当不了现实，"如果"就是如果，所以说爱情没有如果。

在人生道路上，其实很多时候是不存在如果的，可以说你的生活就是现实的，如果也只是一种内心的希望或者是假设，所以不要让自己的内心变得这样苍凉，在人生抉择面前是没有假设的。要想做更好的选择，那么只能面对实际，不要给自己留有余地。

没有了生长的春天还会是生机勃勃的季节吗？没有了花朵的

夏天还会给人们带来生机盎然的映像吗？所以说在你的人生道路上，最需要具有的就是生机，要让自己的生命充满生机，这样你在选择的时候，才不会死守住一个角落，而失去了更多更好的选择。当然，选择题的选项往往不止一个，而你要做对每一道选择题，就要了解每个选项的真正含义，但是不要犹豫，如果你有了自己的目标，就不要在假想"如果"，这个时候的如果只会让你犹豫不决，最终，你会因为自己没有把握好自己的人生选择，而让自己的人生陷入被动的死角，失去了生机和活力。

总是在考虑"如果"的人，其实很多时候就是在对自己不负责，他们习惯了对自己不负责，他们用各种各样的方式来告诉自己，自己"如果"选择错误，可能结果也不会太坏，"如果"自己做出的选择就是这样，可能自己也不会有什么损失，这就是对自己不负责，一个对自己都不负责的决定，你还会期望他做出更好的人生抉择吗？

一个女孩喜欢上一个男孩，这个男孩长得很帅，但是家里没有钱。而在这个时候，女孩发现另一个很有钱的男孩喜欢自己，那个男孩为了自己可以做任何事情，不惜花很多钱给自己买生日礼物，不惜为了讨自己欢心而冒着雨去给自己买药，即便这个富有的男孩这样对待自己，女孩还是觉得喜欢那个帅气的男孩。

但是结局却不是这样，她最终违背了自己的爱情，选择了那个富有的男孩。原因很简单，她在做出选择的时候，在不停地提醒自己如果自己选择那个帅气却贫穷的男孩，自己可能会吃苦，如果自己选择了那个富有的男孩，起码自己不会因为金钱而苦恼，最终，她却没有想到，结婚不到一年的时间，富有的男孩就向自己提出了离婚，他爱上了其他的女孩。

要知道在我们的生活中，选择面前是没有如果的。你一味地考虑自己内心的假设，那么你会发现很多假设的问题是不存在或者是错误的，要知道在选择面前没有如果，你选择了什么就是什么，结果只能是自己来承担，这就是你的选择。要想做出更好的选择，那么你就要面对现实，不要让自己活在假设之中。

你选择了左边的路，就不要假设自己还有机会走右边的路，即便右边的路是那么的平坦，要知道你已经选择结束，右边的路已经不属于你。在选择的面前，是没有如果的，要想更好地选择就要对自己负责。

人的一生如果缺少了爱情，那么也是一种遗憾。对于年轻人来讲，爱情往往是他们一直在追寻的，所以在爱情面前，他们总是在考虑"如果"。如果他爱我，那么他就应该无微不至地关心我，如果他能让我幸福，那么才值得我去爱，这是很多年轻人的想法，爱情也是一种选择。

张南宇在大学期间认识了两个女孩，他徘徊在两个女孩之间，不知道自己应该喜欢哪一个，因为每个女孩都会给他带来心动的感觉，所以说他一直不知道自己应该做出怎样的选择。于是，他开始给自己假设，如果他选择了那个家境好，长相好的女孩，他也许会过得更加地轻松。如果自己选择了那个温柔体贴的女孩，自己应该会过得幸福。越是假设，越是犹豫，最终，两个女孩都离他远去。

在生活中我们也经常会遇到同样的事情，就像张南宇一样，人们总是贪婪地想要拥有所有的美好，但是要知道世界上没有完美的事物，不管是你遇到什么样的事情，都有它的好处和缺憾。就像是张南宇在选择女朋友的时候，感觉两个女孩都有属于她们自己的优点，因此，才会犹豫不决，这样最终不但是对自己的伤害，也是对别人的伤害。

"假如"，这个字眼往往会给你的内心增添很多的瓶颈，在很多时候你活在如果的构想中，这种思想在很多时候都是一种逃避，逃避自己的人生抉择，当你不知道怎么样来选择自己的人生道路的时候，或者是出现人生岔路口的时候，这个时候你就会开始"假如"，开始幻想，幻想自己的生活，幻想自己的选择，如果你只是一味地幻想着，然后犹豫不决，那么到最后你会发现自己的选择已经没有了选项，自己本来拥有的机会或者是机遇，已经远离了自己，在人生的道路上，每个人都希望自己做到最好，如果你不想对自己的选择负责，那么最终你是无法实现自己的成功的。相反，你会发现自己的人生抉择已经走入了一个死角，而你自己又无法寻找到人生的出口。

在爱情面前是这样，在其他人生的选择面前也是这样，没有那么多的如果，不要犹犹豫豫，犹豫的结果是放弃，当你考虑了很多的结局，或者是考虑了很多的假设之后，你会发现选择的机会已经不复存在。其实你能够做出更好的选择，那就是要求你不要将自己的选择设定那么多的"如果"。

拥有更好选择的秘诀

勇敢地面对自己的选择，不要让自己在人生抉择面前犹豫，像是一个害怕飞翔的小鸟，无休止地假设天空的恐怖或者是假设失败的结局。在人生抉择面前，勇敢地迈出自己的步伐，这样你才会拥有更加美好的明天。人生抉择固然重要，但是，如果在选择面前总是犹豫不决，那么你也不会做出更好的人生抉择。

压力是自己给的，不要自我加压

每个人的生活中都会有压力，即便你的生活很富有。压力在很多时候都是自己给自己造成的，不管是什么样的人，只要他生活在社会中，都会有压力。来自家庭的压力、工作的压力，等等，这些压力很多时候都是自己给自己设定的，就像是一场游戏，是自己给自己设定了很多的规则，从而让自己在游戏中变得很被动，不要自我加压，尤其是面对选择的时候。

有的人因为工作压力大，往往会让自己变得很压抑，做其他任何的事情，都会感觉很不顺心，但是这完全是你个人的心理压力造成的，在很多时候这些压力是完全没有必要的。比如说当你在选择自己的人生路的时候，你会无形中给自己施压，让自己在选择面前，变得更加的沉重，即便这次的选择或许不是那么重要，但是到最后你会发现选择变成了自己心中沉重的石头，自己给自己压的石头越重，自己做出选择也越难。

压力在很多时候就像是一块石头，这块石头不会随着时间的变迁而变轻，在很多时候会因为内心变得越来越重，从而压得一个人喘不过气来。不要自己给自己施加压力，在选择面前是完全没有必要的。

容易自我加压的人，往往是一个比较敏感的人，不管是在生活中还是在工作中，他们都很敏感，敏感地对待自己身边的每件事情，这样的人在无形中都会给自己的生活施加压力。尤其是当他们面对选择的时候，他们会将选择的作用扩大，会将后果想象得很严重，总是在一味地扩大自己的痛苦，最终才发现自己的生活失去了中心，最终不知道如何做出选择，这样的人往往会因为压力过大，承受不住内心的压力，从而失去选择的动力。

每个人的生活中多多少少都会有一定的压力，但是要知道不管是什么样的生活，也不管是在什么时候，都不要给自己加压。

要知道每个人的生活都不容易，既然社会在给你加压，那么你就没有必要给自己增添一份无谓的压力了，要知道你的生活需要的是轻松和快乐，要想办法让自己的生活变得快乐。

俗语有言，有压力才会有动力。但是动力是需要转化的，当你处在选择的境地，那么你就会想尽办法让自己充满动力，即便是自己心头挤满了石头，也要想办法将这些石头移开。只有学着将自己的压力转化成动力，你才能够做出更好的选择。

张思雨是一家著名外企的中层管理人员，因为她的能力很强，也得到了领导的赏识和器重。但是在一次和客户谈业务的时候，客户突然要求张思雨去自己的公司，并且给了张思雨很好的条件和待遇，张思雨明白如果自己选择了这家公司，那么自己就不再是这家外企的管理人员。但是在这家外企这样工作下去，她明白自己也不会有太快的发展。

这个时候，她感觉自己的压力很大，可以说她感觉自己从未有过这样大的压力，她害怕自己失去这次好的机会，又害怕自己选择错误之后，得到的结果还不如现在。所以说，她不敢选择，整天愁眉不展，工作上也总是分心，最终不但自己的工作没做好，也失去了这次跳槽的机会。

每个人的生活都会充满各种各样的挫折，人生就是一棵被虫子咬了很多次的大树，但是不管虫子怎么咬，大树还要继续生长扎根。大树不会因为几只虫子而停止生长。压力就像是虫子，越在意往往虫子生长繁殖得越快，所以说在压力面前，要懂得自我解压，而不是一味地自我加压。每个人都会有每个人的生活压力，所以说在选择面前，也不要过多地在意，越是在意越会让你感受到生活的无奈，最终你会发现自己已经失去了抉择的机会，更谈不上做出更好的抉择。

"我有压力，所以我不开心"，我们经常会听到有人这样说，当然生活得不愉快很多时候确实是因为工作压力大的原因。但是要知道压力的源头是在自己的身上，而不是单纯地指工作的本身，在生活中，你或许不曾想过自己怎么样让自己变得更加地快乐，但是这个问题是值得你考虑的。其实要想让自己变得更加地快乐，最好的办法就是通过人生的抉择实现自己的价值。而要想做好人生的选择，途径之一就是不要给自己施加过大的压力，将压力转化成动力。

不管你相不相信，没有谁的人生是可以轻松度过的，在每个人生阶段都会有不一样的困境出现，那么既然这是每个人都必须要经历的事情，就更没有必要给自己施加压力了。外界给予你的压力是在所难免的，所以说这个时候你自己就不要再给自己施加压力了。要知道一个人承受压力的能力是有限的，也就是说，每个人的抗压能力都是有限的，如果一旦给自己施加了过多的压力，那么你的内心就会装有很沉重的包袱，最终，你所能够得到的会很少。每个人的生命都会是不一样的，但是，如果你的人生总是充满了过多的思想包袱，那么最终，你能够实现的将会是很少很少。

人生本来就是一个过程，因此没有尽善尽美的时候。不管是在人生的哪个阶段，都不会是一帆风顺，只有当你经历了，那么就是一种所得，经历之后便是你的财富。人生的每个阶段都是不一样的，但是不管是做什么事情，都不要给自己的内心加上枷锁，因为不管你拥有多么沉重的思想包袱，你的生活还要继续，你的人生也是要继续的，如果你无法让自己轻松地生活，也没有必要让自己的内心总是生活在压力的煎熬中。这样对你的人生抉择是没有任何帮助的。要知道在人生道路的选择上，应该保持冷静的头脑，而给自己施加压力往往会让你失去理智，头脑变得不再清晰，最终你也无法实现自己的成功。

拥有更好选择的秘诀

或许你拥有得太多，怕这一次选择错误而失去自己拥有的东西，所以你很在意这一次的选择，也就会让自己的内心变得很有压力，也就会在选择面前犹豫不定，生怕自己的努力白费，也生怕自己的选择出现错误，这样的心态怎么会做出更适合自己的选择呢？不要给自己施加过多的压力，要知道不管是开心或者是不开心，每一天都要你自己亲自来度过。

"无所谓" 不应该是你的口头禅

无所谓的意思就是不在乎，当你对生活不在乎的时候，生活也会不在乎你，选择也是同样的道理，当你觉得选择无所谓的时候，人生的抉择也会觉得对你无所谓，从而从你的身边逃走，所以说要想做更好的选择，就要学会从自己的身边出发，让自己感觉到生活的乐趣，感觉到什么事情都是"有所谓"的。

每个人的生活都是不一样的，很多时候你会感觉到无助，这个时候你可能会松口气说无所谓，让自己的心情变得不那么紧张和无助，但是没有人知道你的内心究竟是什么样子的，没有人了解你的心态。所以当你在人前不停地说到"无所谓"的时候，或许对方会认为你不会认真地对待自己的人生，或许你就是一个"随便"的人，所以在这个时候，你的选择就会变少，同样，更好的选择机会或许会远离你。

你应该对一些东西觉得"有所谓"，因为你必须要生存，你的存在要有一定的价值，这就是为什么你要活着的原因。因此，你就必然要对自己的生活有一定的要求，就必然让自己了解到自己想要的是什么，最终你才能够让自己拥有自己想要拥有的东西，这样你才能够感受到生活的意义。

如果一只熊猫连自己爱吃的竹子都觉得无所谓，那么生存对它来讲就是一种威胁。同样地，如果在选择面前，你都觉得无所谓，那么你还会对什么感觉到在乎呢？每个人的人生都会是不一样的，而决定你不一样人生的关键所在就是选择，而你的选择如果适合了你的生存，那么你的选择就算是成功的。因此，不要将"无所谓"挂在嘴边，生活对于你来讲是有所谓的事情，不是无所谓的事情。

人的生活离不开抉择，还记得在报纸上看到过这样一件事情，一个女孩将自己的亲生父亲杀死了，当然这不是一个好的案例，为什么她会将自己的亲生父亲杀死，原因很简单，因为他的父亲总是酗酒，喝完酒之后就打她，当父亲酒醒之后，总是觉得无所谓，觉得这是自己的女儿，自己有权利打有权利骂，正是这种无所谓的态度，让自己的亲生女儿有了杀死他的念头。

你的生活不能像有一首歌里唱的那样天天嚷着"无所谓"，更不能让自己的生活变得"无所谓"。不管是在什么时候，你都要为自己的生活负责，如果你觉得自己的生活或者是选择无所谓，那么你最终会失去这次机会。要想做好选择，就要学会对自己的选择负责。

一个有责任心的人，往往是会对自己的生活负责的，更是会对自己的选择负责的人。如果你对自己的生活负责，那么你就不会感觉到自己的无所谓，在生活中，任何一件事情都会影响到你的内心变化。所以说无所谓的生活态度，对你、对所有的人都是不利的。要想做出更好的选择，就要学会为自己减压，同时在意自己的每一个选择，排除自己不在乎的心态。

"无所谓"成为了你的口头禅，在很多时候也会成为你做事的风格，要知道这是你的一种心理，你的心理早晚会体现在你的行动上，所以说不要让这种心理影响到你的行为，尤其是你的选择。人生活在一场闹剧中，不要让无所谓的态度将闹剧变成了悲剧。

李晓华在大学就是校花，她长得漂亮，身材又好，所以她觉得这就是自己的骄傲。当她步入工作之后，总是觉得工作对于她是无所谓，能力也无所谓，只要自己漂亮，那么自己就有安身立命的资本，但是在公司裁员的时候，她竟然被裁掉了，理由很简单，公司不需要花瓶，公司需要的是有能力，能够为公司创造价值的人，所以她无疑成为了"无所谓"的牺牲品。

不要以为自己有资本对任何事情说无所谓，更不要对自己的工作说无所谓，你没有资本对任何事情无所谓，更没有资本说无所谓。当你做错一件事情之后，不要给自己找借口，说这件事情"无所谓"。当你做错一次选择之后，不要对自己的选择说"无所谓"，因为你的无所谓往往会影响到你的选择。

一个对自己有要求的人，是不会对自己的人生抱有无所谓的态度的。每个人都希望自己能够成功，我们不会相信谁会在成功的时候真的做到无所谓。你可以设想一下，当一个成功的机会摆在你的面前，你很轻易就能够得到的时候，却让别人抢占了先机，自己失去了这次成功的机会，那么这个时候你真的能够做到"无所谓"，真的内心会没有一丝丝的留恋吗？所以说不要总是在欺骗自己，"无所谓"就是你在欺骗自己的内心，如果你真的觉得自己的生活无所谓，那么你就没有必要去实现自己的成功了。

一个真正能够做到对自己的生活负责的人，是不会抱着这种无所谓的态度做事情的。尤其是在人生的抉择中，无所谓往往是成为你消极地面对人生的罪魁祸首。一个积极向上的人，是不允许自己变得"无所谓"，是不允许自己成为一个不思进取的人的。如果你总是将"无所谓"挂在嘴边，那么你的人生可能会变得十分危险，原因很简单，你的"无所谓"往往会成为别人成功的助推器，而你失去的机会也往往成为成就别人的时机，所以说该计较的时候，一定要对自己计较一些。不是什么事情你都有资格放得开的，要知道很多时候，你不去计较，生活也就不会和你计较，最终你得到的将会是失败。

"无所谓"的生活态度，往往还会给你身边的人带来不好的影响。当你看到你身边的人总是在一次次地失去自己前进方向的时候，或者说当你看到你身边的人总是在寻求成功的时候，如果你总是这种满不在乎的态度，那么你的消极往往会影响到别人，这样时间一长，对别人的生活状态就会造成一定的影响，要知道这种影响往往也是消极的。

每个人的人生都需要充满积极的元素，如果一旦消极下去，那么最终你将无法实现自己的成功，生活也是一样，你将自己的人生规划成积极的，那么你就不能够对待事物都抱有"无所谓"的态度，要知道这种态度在很多时候会毁了你的前途，更会影响到你的人生抉择。

拥有更好选择的秘诀

生活就是一场戏，你就是戏中的主角，如果你感觉这场戏无所谓，那么你是演不好这个角色的。在选择面前更是一样，当你感觉到自己的选择无所谓的时候，那么你又怎么会做好选择呢？你应该告诉自己，对于我自己的人生，只有我自己能够说"有所谓"。对自己负责的最直接的表现，就是你的言语，如果你的言语中总是出现"无所谓"这三个字眼，那么最终你也会受到这三个字的影响，无法实现自己的成功。

目标是怎样，就要执着走下去

你有自己的人生目标吗？要知道为自己订立生存的目标是很重要的，不管是做什么事情，都要有自己活下去的目标，不管做什么事情，都要给自己设定一个高度。只有拥有了这个高度，才能够最终实现自己的成功。选择也是如此，只要你在选择的时候，时刻想着自己的目标，那么你的判断绝对是最为精准的。

　　一切的选择都要跟着自己的目标走，当你设定好了目标之后，就要坚定不移地为了自己的目标而选择，不要让其他人阻碍了自己的选择，让自己失去目标和方向，这样的选择是盲目的。如果你失去了目标，就会像无头苍蝇，在人生的道路上乱撞，直到有一天你撞得自己伤痕累累，这个时候，你才会后悔。

　　没有人生目标的人，在做选择的时候，往往也会犹豫不决。所以说你有怎么样的目标，就要有怎么样的选择。在目标面前，你会知道你到底要走哪条路。一个真正希望自己能够成功的人，往往能够将自己的目标当成标杆，然后做任何事情都会朝着自己的目标努力，这样的人才会做出更适合自己的选择。

　　如果你向往的是左岸的美丽风景，就不要走在右岸繁华都市中。如果你想要享受自然的舒适，就要选择通向自然田园的那条路。一个人的人生很短暂，可以说人生中目标有很多，但是长远的目标就一两个，如果你能够实现你长远的目标，那么你也就没有白活。所以说你人生的抉择，一定要是你目标的体现，让自己为了自己的目标而努力，这样一来，你会发现自己选择的路是那么宽广。

　　刘艳艳从小的志向就是能够上一所国内一流的大学，所以从小她就很努力地学习，在她心目中，自己的目标就是上大学，为了实现这个目标，她十分刻苦。刘艳艳从小就跟自己的奶奶学习剪纸，所以她的剪纸技术也是十分的好。在高中的时候，县里文化团的人希望她能够到文化团剪纸，但是这样会影响她的学习。为了能够上大学，她放弃了这次机会，要知道在当时能够去文化团工作是一件多么光彩的事情。最终，她考上了一所国家重点大学，成为了全县人民的骄傲。

不管你面临的选择有多么地艰难，只要你明白自己内心所想和自己内心想要的，那么你就会果断地做出决定，也不会后悔自己的选择。所以说要想做出更好的选择，就要明白自己内心所想，这样才能够让你实现自己的成功。

人生多多少少会经历无数个十字路口，一旦选错了方向就会造成迷路。记得一部电影中，男主角是一名警察，为了破获一起贩毒案件，他成为了一个卧底，但是后来他卧底的身份被揭穿了，毒枭说要么投降，要么死。他最后为了保全自己的性命，成为了毒枭，最终，案件被破获之后，他由警察变成了一名囚犯。

选择其实是一件很可怕的事情，如果选择不对，你可能会陷入人生的旋涡。在日常生活中，很多时候正是失去了正确的人生目标，才会让你觉得选择不是一件简单的事情。在选择的时候，会有各种各样阻碍，所以说当你能够真正认识到自己的目标，才能够做出更加适合自己的选择。

人生就像是一棵树，而选择就是树杈。每个树杈就是一个选择，只要你的选择适合自己的发展，那么树杈就会长得很粗壮。

如果你的选择不适合你自己，那么树杈就会变成细小的分叉，最终你会失去自己的发展空间，最终你会发现自己的路越走越窄。

如果将你的人生方向假设成一个高山，那么你所向往的高山就在眼前，所谓的眼前可能是你能看得到，但是要经过长久地努力才能够到达那座高山所在的地方。而这个时候如果你锁定了目标和方向，那么这个时候你就要学会努力，为了自己的目标前进，不要轻易改变自己的方向，不管是因为什么样的外界原因，你都要告诉自己不要轻易改变自己的方向，如果你一旦改变了自己人生的方向，那么最终你会发现自己将会失败。

如果你已经为自己设定了目标，那么就要知道自己想要的是什么，如果你明白自己的内心所需，那么你就要坚持走属于自己的正确的道路，即便在这条道路上充满荆棘和坎坷，那么你也要走下去，因为这是你自己选择的道路，你的坚持就是在对自己负责，如果你不能够对自己的生活负责，那么最终你拥有的不会是快乐，你最终将会失去自我。对自己的选择负责，即便是再艰难也要走下去。

你的人生拥有什么样的人生目标呢？或许你的目标够伟大，也或许你的目标够长远，但是最重要的是坚持下去，如果你懂得坚持到底，那么成功也会到底。如果在你的人生路上，你总是三心二意，不能够坚定自己前进的方向，那么最终你自己的成功将会是一件很难的事情，每个人的人生都不会事事如意，但是，如果你拥有了自己想要的人生，那么最终你会发现自己已经成功。

每个人都应该有自己的选择，要学会跟着自己的目标去选择，如果你向往的是彼岸花开，就不要留恋此岸绿荫，要想方设法地走到彼岸，享受花开美景，不要回头此岸的绿树成荫。自己选择的路要符合自己的前进目标，一个人的内心要有自己的目标，从而为了自己的目标而做出更加适合自己的选择。

拥有更好选择的秘诀

你的内心有没有向往，你知不知道内心的向往是什么？如果你明白自己想要的是什么或者你已经给自己树立了目标，那么你也就不必担忧在抉择面前无助和失措。大胆地朝着自己的目标努力，一切的选择都是为了实现自己心中所想，只有这样你才会对自己的选择感觉到欣慰，才会觉得自己的选择是适合自己的。将自己的目标设置成选择的导向，大胆地做出人生重要的抉择。

学着仰望整片天空

每个人都有属于自己的天空，然而这片天空却会因为人的选择变得有大有小，有宽有窄。人生说长不长，说短也不短。怎么度过完全在于人面临选择时候的态度。其实，很多时候我们没有必要坐井观天，天也并不是我们眼前那一点点的方寸之大。有些时候，只要你勇敢地走出那关键的一步，你就完全可以看到一个不一样的世界，不一样的辽阔天空。

井底之蛙看到的天空就是井口那么大，没有人希望自己是井底之蛙，所以当一个人在做出人生抉择的时候，要学会看到长远的方向，而不是只看准了眼前的事物。只有当你看到了事物的整个发展过程，你才会意识到人生选择不是那么简单的事情。

要想做出更加适合自己发展或者说更好的抉择，就要克服自己短浅的目光，很多人考虑问题都喜欢从眼前出发，虽然这样做出的决定或许会适合当前的事物，但是从长远来看，最终是不利于事物的发展的。所以说要学会从长远的目标出发，看透问题，最终做出自己正确的人生抉择。

很多大学生都会面临这样的选择，在毕业之后，他们会因为父母的意愿，而放弃自己寻找的工作，或者说放弃自己的兴趣，从而从事一份父母托人给找的相对稳定的工作，这样的人做出选择的时候是十分简单的，他们会毫不犹豫地放弃自己的选择，听从父母的安排。从眼前来看，或许对他们是有好处的，起码不用因为一个人在外而受苦，但是他们内心是否喜欢眼前的工作，这将是一个很严重的问题。如果他们不喜欢这份工作，那么即便是赚到了钱，对他来讲也是遗憾的，由此可见，做出选择不要站在"井底"，要从长远来看问题，最终实现自己的成功抉择。

李娜利在大学毕业后，找到了自己的第一份工作，因为自己在大学期间学的是广告设计，她的第一份工作就是在广告公司担任平面设计。但是，她的父母不同意她做这份工作，她的父母为她找到了一份很稳定的工作，要求她回到自己的县里工作，她不喜欢父母给自己安排的那份工作，于是坚决不同意放弃眼前的工作。

在3年以后，她成为了这家广告公司的高层管理者，她很庆幸自己当初坚持了自己的选择。从自己的人生目标出发，从而成功实现了自己的人生抉择。

要想做出正确的抉择，就要从长远的利益看待问题。我们经常会看到这样的事情发生，当你做出选择之后，才发现这个选择不是自己想要拥有的，在他们的内心世界中，他们也不知道自己想要的到底是什么。这样的人往往在做出选择的时候就会犹豫不决。原因很简单，是因为他们不知道的事情很多，不了解的事情很多，最终导致在做了选择之后，才发现自己做出了错误的选择。由此可见，在做出选择之前一定要想清楚自己想要的是什么，自己希望得到的是什么，这样你才能够实现自己的成功抉择。

在人的一生中，不要当"井底"之蛙，不要让自己的思想被小小的一片环境束缚着，因为在很多时候你要面对的是外界的社会环境，在环境中，你必须要承受住很多。所以说要让自己的内心变得更加宽广，从而才能够应对外界的冲击，在人生抉择的时候，也才能让自己的内心变得更加强大。

如果你的思想一直停留在狭小的空间内，那么你就不知道自己的选择有很多。比如说当你走到人生的岔口，本来有三条路可供你选择，但是因为你的无知，导致你就看到了两条路，而没有看到的那条路正好就是你希望走的路。所以说不要让自己的内心变得狭窄，要学会吸收外界的养分，充实自己的内心，在选择之前做好一切准备，最终帮助自己做出更好的选择。

一个成功的人，总是会学着开阔自己的眼界，因为只有你开阔了自己的眼界，那么你才能够真正地感知到自己前进的快乐。同样地，当一个人开阔了自己的眼界，他想事情和做事情的方法就会更加智慧，最终，他将会实现自己的成功。

每个人的人生都不会是一样的，同时，要想让自己的人生散发出异样的光彩，就需要你用心地去努力，这种努力不仅仅是要做好选择，更多的是要让自己看到自己存在的价值。因此，如果你想要成为一个具有全局意识的人，那么最重要的就是要让自己拥有全面的思维，而全面的思维最重要的就是要让自己开阔眼界。要学会仰望这片天空，让自己的知识和内涵，帮助成就自我。

井底之蛙，往往对自己的生活十分满足，因为它所能够看到的就是井口那么大，所以说它不会期望得到太多，只要能够看到井口那么大的天空，它就会很知足。当然，要知道世界的大，是井底之蛙所不知道的，如果有一天井底之蛙被解救上来，它看到了整片天空，那么它可能会深受打击，无法接受这个现实。所以说，不要让自己成为井底之蛙，要学会让自己的眼界变得开阔，这样你才能够拥有更多的选择，才会在自己的人生道路上绽放出异样的花朵。

一个见多识广的人总是能够给自己提供更多的机会，当你的机会处在很好的状态下的时候你会发现自己的内心是那么强大，当你面对选择的时候，你才能够有更多的选择来参照。所以说要想让自己做出更好的选择，就要学会让自己的内心世界变得更加地宽广，让自己的眼界变得更加地开阔。

拥有更好选择的秘诀

井底之蛙看到的永远只是自己头顶的那片天空，它永远看不到外界任何事物，所以说它乐于这种平静的生活，而外面的世界是很精彩的。因此，你必须要经历社会中各色的变化，让自己吸收更多的养分，最终选择出一条更加适合自己的道路，最终让自己的人生变得更加完美。

本章小结

　　面对人生的重大抉择，你必然会十分地谨慎，生怕自己做出的选择达不到自己所要达到的目的，从而你会在做出选择之前纠结，就像是生活在冰与火中间，感觉选择不是一件容易的事情。其实这个时候你没有意识到，选择本身并没有那么困难，就像是单选题，不是 A 就是 B，要么是 C，你不能同时选择两个选项，人生就是这样，所以说你要想实现自己的成功，就要学会让自己摆脱困扰，不再在选择的时候纠结万分。

　　首先，要学会摆脱外界对你的干扰，要知道外界因素往往成为你选择的绊脚石。再者，就是要摆脱自己内心的干扰，不要给自己留太多的后路，更不要对面前的抉择说"无所谓"，在你选择的时候要学会看到事物的整体发展状况，不要成为那个不合实际的井底之蛙。同时，不管做出怎样的选择，都要有自己的目标，要知道目标才是自己选择的导向盘。最终，你会发现人生的抉择也可以轻松实现，不需要那么大的压力，从而做出更好的选择。

第二章　真正的人生没有岔路

　　人的生命就像是一棵大树，如果能够经受住狂风暴雨，那么最终会长成一棵参天大树。当然在每个人自身的生长过程中也会有很多的磨难，这些磨难就相当于人生中的每一条岔路，如果你能够将自己眼前的岔路处理得当，最终你的人生是会通向世界上最为温暖的地方的，因为，真正的人生趋向绝非是一条岔路。

扪心自问"我想要的是什么"

不管你遇到怎样的抉择，你都要知道自己心之所向。在你不知道自己如何抉择的时候，一定要问问自己，自己想要的是什么，自己想过怎么样的生活，或许，当你明白了自己想要的是什么之后，你就会知道如何抉择，如何做好选择。

"我想要的是什么"，或许你经常会问自己这个问题，但是终究找不到结果，因为很多时候了解自己是一件相当困难的事情，你甚至不知道自己想要得到什么，在生活中，不要以为自己选择的或者是自己拥有的就是自己想要的东西，要知道在很多时候，你想要的东西往往会被你无情地抛弃。做更好的选择，那么就要学着了解自己想要的是什么。

人的生活中需要目标，如果你的生活中失去了奋斗的目标，那么你就会像是一个失去了目标的蒲公英，风带它飞到哪里，哪里就是它的家。而你如果想要实现自己的成功，那么就必须要确定属于自己的人生目标，而自己的人生目标的确立最关键的一点，就是要知道自己想要的是什么，就像是一株本应盛开在夏季的花朵，它想要的必然是春暖，必然是夏季明媚的阳光。而你如果希望得到成功，希望得到成功的喜悦，那么你就应该为了成功而奋斗，积极地付出自己的努力，最终你会发现自己的成功其实已经变得很简单。所以说，明白自己想要的是什么，敢想才能敢做。

如果你喜欢享受曲径通幽的感觉，那么就不要选择敞亮的水泥大道。如果你希望阳光照射到自己的身躯，那么就不要选择在雨天出去散步。如果你喜欢依靠他人，那么就不要总是假装很坚强。如果你知道你想要的是什么，那么你就要学会冷静地选择，选择自己想要的，总比选择最快能够得到的要好得多。

刘小华从小就希望能够去大城市生活，她的愿望就是能够扎根在城市里。在小的时候，父母就告诉她只有好好学习，考上大学，才能够走进大城市。于是，她学习很认真刻苦，不管是小学还是初中，她都是班里的尖子生。终于她考上了一所很好的大学，在大学里，她认识了一个男生，男生的志向是上完大学回到自己的家乡，在家乡做一名教师。而刘小华舍不得离开现在的城市，在大学毕业的时候，这件事显然成为了两个人的障碍和问题。

最终，刘小华放弃了自己的爱情，在城市里找到了一份不错的工作，开始过上了朝九晚五的上班生活。这就是她人生的选择，或许对于她来讲，这并没有什么错，这正是她想要的结果。

如果当你不明白自己想要什么的时候，那么你该怎么做。很显然你要明白自己想要的是什么，要明白自己希望得到的是什么，这不是一件简单的事情。

　　李娜英在大学毕业后，经过父母的关系，进入了一家私营企业，在企业里充当文秘，每天安安静静地上班，到点就下班，没有过多的事情，在上班期间偶尔还可以翘班。但是工作两年后，这家企业因为经营不善，不得不宣布破产，李娜英成为了"失业人员"。

　　面对这种情况，她很苦恼，因为自己不知道自己希望从事什么工作，也不明白自己有什么特长。在这两年里，她的工作一直很简单，自己对这份工作也不是多么地感兴趣，所以说自己失去这第一份工作之后，变得更加茫然，不知道自己能够做什么，也不知道自己想从事什么工作，在家整天无所事事。即便是父母再托人给她找工作，她也不想去做，因为她感觉这种生活很平淡，感受不到其中的快乐。

　　由李娜英的事情，可以看出她的生活是缺乏目标的，她不知道自己想要的是什么，更不知道自己在什么情况下生活才会快乐。所以说，她不管做出什么样的选择，不管拥有什么都不会感受到快乐。在这样的人生中，乏味当然就占据了自己的生活。

　　知道自己想要什么，比如说你想拥有很多的金钱，这不是什么可耻的事情，而是一种有目标的体现。你希望让自己拥有很充足的物质生活，那么你就要学着让自己掌握拥有金钱的资本，这个时候，你会选择去掌握更多的交际技巧，去选择掌握更多的交际方式，最终的目的就是为了让自己能够实现自己的选择，得到自己想要的东西。所以说要明确自己的所想，这比什么都重要，这也是做好选择的关键因素之一。

如果你希望自己能够得到更高的地位，那么你就要学会让自己拥有上升的资本，这种资本不仅仅需要自己平时的积累，更需要自己去拼搏、去选择。在自己追求的道路上，你会朝着这种选择去奋进，所以说要让自己明白自己希望得到的是什么，最终得到的才会是自己所想要的。

一个人如果不明白自己的人生需要什么，那么怎么样才会为了自己的人生去积极地奋斗呢？在生活中，我们经常会看到一些人整天忙忙碌碌，但是他们的忙碌仅仅是为了忙碌，因为从他们的忙碌上看不到积极，也看不到快乐，更看不到成功。这种现象出现的原因很简单，那就是因为，他们没有了自己生活的目标，不知道自己想要的是什么，更不知道自己的人生需要的是什么，在他们的生活中，每个人的生活都不会是一样的，当然每个人的目标也可能是不一样的，但是不管你的生活是什么样的，只要你拥有自己的目标，那么最终你就应该为了自己的目标努力。但是要知道，如果你没有了目标，那么最终你怎么可能会实现自己的成功呢？

人的一生最重要的就是要让自己明确自己的人生所想，如果你整天就知道为了生活而生活，那么你的生活也就变得消极，根本找不到值得开心的事情。所以说，问问自己"我想要的是什么"，让自己清楚自己的内心，这样即便你花费了好几天的时间才想清楚，那么也不是在浪费时间，这样一来，你所能够实现的将会是很多。

每个人的人生都是不一样的，如果你不能够让自己的人生散发出不一样的光彩，那么最终你会发现自己的成功已经变得消极。在生活的每个角落，我们虽然拥有得很少，但是要知道这种拥有也会让你变得更加的自信和积极。

一个人的选择往往是自己内心所希望得到的，如果你不知道自己想要什么，那么你的选择会变得十分茫然，在茫然中你突然回头，才会发现自己失去了很多，只是心痛，但是也不知道自己为什么会失去这些本应该属于自己的东西。问问自己的内心，告诉自己想要什么，做出更好的选择。

拥有更好选择的秘诀

你本来应该有更好的选择，只是你不知道自己想要什么，当你明白自己想要什么的时候，或许你的选择才会变得更加有利。在生活中，茫然地进行着自己所想要的东西，这不是一件好事。由此可见，你要明白自己的内心世界，让自己明白自己的内心，做出更好的人生抉择。

欲望之巅往往是绝壁悬崖

或许你有你的欲望，但是不要让自己的欲望占据了人生的高峰。在生活中，每个人都是有自己的欲望的，但是不要让自己的欲望变得那么的多，更不要让自己的欲望冲破道德的底线。要知道欲望之巅往往是绝壁悬崖。

一个人的人生需要有追求，也需要有自己的目标，但是这并不代表一个人的生活总是围绕着自己的欲望，人的欲望是无穷尽的。所以要管理好自己的欲望，不要让自己的欲望作祟，从而让自己选择一条不归路。在生活中，欲望是可以有的，但是千万不要让自己的欲望成为了自己的唯一追求，更不要做任何事情只是为了自己的欲望，这样你最终会走进困境，让自己抉择得更加困难。

有欲望不一定是一件坏事，但是欲望过激就是不好的事情。当你决定要去做某件事情的时候，应该学会多方面考虑，即便是做选择也是一样，要考虑的事情很多，不要单纯地只是考虑自己的欲望，如果你的心目中只有欲望，那么你的眼神中会发出蓝色的光芒，这样对你的选择是不利的，很有可能让你走上通往悬崖绝壁之路。

一个人的生活中需要欲望的出现，如果你没有了欲望，当然也就是失去了自己的人生目标，但是欲望绝不能够过分。如果你的欲望超出了一定的极限，那么你就会变成一个贪婪的人，或者说在你的内心中就会拥有很多的贪念，而这个时候，你是不会感受到生活的快乐的，即便你拥有了很多，你也不会感受到自己生活的乐趣。所以说不管你想要拥有什么，都要明白自己的内心中想要得到的是什么，而自己想要得到的东西，是不是超出了自己的能力，不要让自己的欲望过分地增长，更不要让自己站在欲望的巅峰，成为了那个贪婪的典型。

这样的事情你或许会经常听到，某个女孩为了得到更丰富的物质生活，不惜出卖自己的爱情，嫁给比自己年长很多的大款，很多女生向往自己未来的另一半是一个有钱人，但是要知道毕竟有钱人占的比例很少，而大部分都是平庸的人，所以追求物质生活没有错，但是要学会通过正确的选择和途径追求自己的物质生活，不要为了金钱让自己的人生变得惨淡，更不要让自己的选择只是围绕着金钱。人的选择有很多种，但是不要让欲望完全左右了你的选择，要懂得摆脱欲望的束缚，找到真正属于自己的路。

欲望的天空，充斥着硝烟和迷雾。你的欲望很多时候会与其他人的欲望发生碰撞，在这个时候你很有可能会让自己陷入欲望的战争，即便你的欲望变成了现实，或许你会发现你想要的绝非是适合你的。因此，在欲望的掌控中生活，往往是充斥着战争的，要想让自己的抉择适合自己，要想能够做出更加适合自己的抉择，那么你就要学会将欲望的战争消灭在无形中，让自己的内心变得更加平静。

王莹莹大学毕业后，很顺利地进入了一家外企上班，在外企工作压力很大，刚大学毕业的王莹莹自然是其中很小的一个角色，但是她不甘心自己就这样被别人踩在脚下，于是她尽量学习更多的东西，目的只有一个，就是能够让自己进入这家公司的管理高层。

在半年的时间里，王莹莹就脱颖而出，成为新人中最有潜质的人选，但是她不满足于现状，她觉得自己的位置应该在高层。于是不管做什么事情都想着自己的目标，即便是和自己的同事私下交往，也是为了能够向上爬，很多时候她不惜牺牲同事的利益，而实现自己的目的。虽然她给领导们的感觉是十分地干练，但是在同事中的口碑却不是很好，在公司没有一个知心的朋友，所以说即便最后她真正成为了公司的高层主管，但是她内心并不是那么地开心。

不要让欲望的爪牙伸向你的抉择，当你遇到自己生命中重大抉择的时候，你要冷静地想一想，自己希望得到的结果是什么样的，不要让自己的内心天天浸泡在欲望的池水里，这样对你的成长和发展是不会有什么好处的。

一个贪婪的人，往往会有无止境的欲望。即便他们已经拥有了很多，他们也不会满足，这种不满足常常表现出不正常的需求，要知道一个人的能力是有限的，精力也是有限的，所以说追求的东西也会是有限的。如果一个人总是贪婪地想要拥有整个世界上的美好，那么他的欲望将会把他自己推向失败的深渊。

在每个人的人生中，都不可能会得到自己想要得到的一切，如果你发现对方得到了自己想要的一切，那么最终你也是无法实现自己的成功的。在人生的每个角落，都会有你想要得到的东西，但是要学会控制自己的欲望，要知道不是所有的东西都是可以让自己得到的，要知道在很多时候，得到的东西可能不应该属于你，这个时候而是因为你的贪欲，才将这些东西据为己有。

希望自己得到得越多，往往你会发现自己失去得越多。不要让自己变成一个贪婪的人，要学会知足，这种知足并不是对自己的满足，也不是单纯地安于现状。而是一种恰当的追求，要记住，属于自己的就是自己的，而不属于自己的强求也不会属于自己。因此，要想实现自己的成功抉择，就要控制自己的贪欲，一个贪婪的人往往不会实现自己的成功，相反往往会葬送自己的成功。

人生就如同一场精彩的戏，在这段戏剧中，你就是主角，而你所想要拥有的人生可能会体现在这个戏的编剧手中。如果你总是贪婪地想要拥有很多东西，想要让自己的人生变得无人能比，那么这样的思想会将你推向失败的悬崖。因为上天不会助长你贪婪的思想，在你贪婪的背后肯定不会抵挡住现实的诱惑，一旦你无法抵挡住这种诱惑，那么最终你所能够实现的也就是将自己推入诱惑的陷阱。要知道一个人的欲望往往就是一种陷阱，让自己跳入诱惑陷阱的助推器。或许你会说每个人都可能会对金钱、地位、名望等方面有自己的要求，但是不要过分地追求这些东西，要学会适可而止，或者是学着恰到好处。如果你无法控制自己的贪念，那么最终伤害的只是你自己。

每个人的内心都是充满着欲望的，不同的人生阶段，人的欲望也是在发展或者是改变的。所以说在不同的阶段要明白自己的欲望是不是适合，不适合的欲望往往不会对一个人的成长有好处，往往会让自己的内心变得更加地疲倦和狼狈。因此，不要让自己成为欲望的奴隶，那样不会有利于你做出选择。

拥有更好选择的秘诀

欲望的巅峰往往是悬崖，所以不要让自己的欲望没有止境，那样你会发现自己接下来是无路可走。当你走在自己人生的道路上的时候，一定要明白自己的欲望是不是合适，对自己的选择是不是会起到应有的作用，在生活中，每个人都会有自己的欲望，要让自己的欲望帮助你去做正确的选择，这样你才能够走得更加顺利。

学着将自己的优势转化成价值

你知道自己有什么优点吗？或者说你知道自己在工作中的优势是什么？如果你知道自己的优势，那么你就要学会将自己的优点展现给他人，体现出自己的价值，这样一来，你就可以让自己的优点体现出来，最终围绕着自己的优点做出选择。

一个人只有知道了自己的优点，那么才能够做出适合自己的选择，这样才能够实现自己的价值。在生活中，你往往会羡慕别人的优点，看到别人光鲜亮丽的地方或者是闪光点，从而忽视自己的优点和闪光点，因此，很多人在选择面前总是显得无助。其实，你没有必要求助于别人，要看到自己的优点，求助于自己的优点，这样你在选择的时候才会发现你的选择适合自己，最终做出更适合自己的选择。

俗话说得好"适合你的才是最好的"，当你决定开始自己的选择的时候，那么你就要学会做出自己适合的选择，适合自己的抉择才是最好的选择。就像是美丽的荷花，只有找到它适合的生长环境，才能够开出美丽的花朵。所以说，要学着做出适合自己的选择，这样才能够让自己的抉择促使自己成功。

在你选择之前，势必会参照自己的实际情况来做出选择，但是这个时候你就要知道自己的优点是什么，要懂得用自己的优点来实现自己的选择。

李长丽经常在街头摆地摊，摆了四年的地摊，当然也让她攒了一些积蓄。她打算用自己积攒了四年的钱开一家店铺，因为之前自己在一家餐厅当过服务员，所以也了解一些开餐馆的条件。同时，她以前也学过理发，也想开一家理发店，这个时候她不知道自己怎么来做选择，因为毕竟自己没有实力来开两家店。

于是，她参照了自己所有的条件，发现自己没有理发的经验，而自己对于餐饮有三年的经验，于是经过自己的分析，她决定开一家餐馆。在不足一年的时间，就将成本赚了回来。

每个人都有每个人的优点，关键是怎么利用好自己的优点，通过自己的优点来做出更加适合自己的选择。

当然一个好的选择是能够促进自己的发展，不管是在工作中的选择也好，还是在生活中的抉择也好，都要能够让自己变得更加顺利。那么这个时候就要善于分析自己的优点，所以要敢于看到自己的优点，很多人自卑地认为自己没有优点，这样一来就不可能做对选择，因为在他的眼睛中，自己总是一无是处，这样，你当然不知道自己适合什么，不知道自己的抉择是否能够成功。

要想将自己的优点转化成自己的优势，那么你就要学会从自己的实际去分析。每个人的生活都是不一样的，不要拿别人的情况来和自己对比，即便对方十分优秀，那么也不要这样比较，因为在你比较的时候，很有可能出现自卑的心理，或者是让自己的内心变得不够平静，这样一来，你的选择往往也就不能够成功。

如果你想要将自己的优势转化成价值，那么第一步你就要明白自己的优势是什么，这一点很重要，俗话说，知彼知己百战不殆。首先要知己，也就是对自己有一个清醒的认识，对自己的优点有一个总结。每个人都不可能一无是处，每个人都会拥有属于自己的个性和优点，要知道如果你能够看到自己的优点，看到自己拥有的而别人不曾拥有的优点，那么这些就是你的优势，也就是你实现自己的梦想的依靠。所以说，你首先要明白自己的优点是什么，或者说自己比别人突出的地方在哪儿？

要了解自己的优点其实并不是一件简单的事情，因为在你对自己的评价的时候，难免会受到外界的影响，或者是受到其他人对你的评价的影响，也经常会受到"标签效应"的影响，所以说在这个时候，你应该想办法理智地认识自己，让自己能够对自己做出客观的评价。如果你对自己的认知偏离了主题，或者说偏离了你真正的面貌，那么你的认识就会出现偏差，最终想要实现自己的成功也将不会是一件容易的事情。

同样地，要想对自己有一个客观正确的认识，就要学会让自己冷静下来，平静地来观察自己，审视自己的内心世界。让自己不要因为别人的言语而影响到自己对自己的认识。要知道要想了解自己的优点，就需要自我审视，在你自我审视的过程中，你将要拥有的会很多。每个人都有属于自己的人生特点。因此，要想实现自己的成功，就要学会让自己寻找到属于自己的优点。

当你发现了自己的优势的时候，你要参照自己的这些优势，哪一项优势是可以利用的，或者说是可以转化成价值的。要知道在很多时候，你发现自己的人生优势很多是无法直接转化成价值的，如果你想要看到瞬间或者是快速的效果，那么就要学会寻找那些能够在短时间内转化成价值的优点。在生活中，能够转化成价值的优点，往往能够让你实现自己的最终成功，也能够让你的人生抉择变得更加顺利。

将自己的优势转换成价值的过程就是选择的过程，在这个过程中，你要学会付出，没有付出是不会有成效的，更加不会得到你想要的结果，所以说当你希望得到什么样的结果的时候，就要学会付出努力，只有付出了，你的优势才能够通过抉择来变成价值，从而促使你的发展和成长。不管是在什么时候，抉择往往是一瞬间的事情，而付出往往是很长一个阶段的事情，因此要学会坚持努力，从而做出更好的抉择，实现自己的价值。

拥有更好选择的秘诀

当你发现荷花开在污泥中的时候，不要惊讶它生长环境的恶劣，因为对于荷花来讲，这样的环境是最适合自己生长的环境。当你发现一个人十分优秀的时候，不要惊讶对方有怎么好的基础，要看到对方的优势的同时，也发现自己的优点，从而将自己的优点通过选择转化成价值，让自己的优势帮助你实现自己的成功，这就是抉择的力量。

金钱铺垫的道路充满荆棘

每个人都想拥有丰厚的物质财富，当然也有很多人用自己的物质财富让自己变得更加浮躁。选择的路上，总是充满着无限的诱惑，我们千万不要期望金钱能够让你的选择变得顺畅无阻，要知道在很多时候金钱铺垫的道路往往充满荆棘。

"金钱不是万能的。"我们经常会听到这样的话，当然在生活中，金钱发挥着很大的作用，没有金钱我们是不能够生存的，在很多时候金钱的确帮助我们做很多事情，人的生存离不开金钱，如果没有金钱我们可能会露宿街头。但是不要将所有的事情都归功于金钱，更不要将金钱看作是自己成功选择的唯一因素，如果你失去了所有，只是拥有金钱，用金钱来铺垫自己选择的道路，那么最终你会踏上一条不归的路途。

并不是所有的事情都需要金钱来做后盾，也不是所有的人都是贪婪的。在这个社会中，金钱固然很重要，但是金钱绝对不是万能的，尤其是在选择的面前，金钱往往是起不到多大的作用的，如果你只是一味地用金钱来衡量你的选择，那么即便是你用金钱来铺垫的道路也不会是一帆风顺的。

不管你从事什么样的职业，也不管你的生活是如何的奢侈，要知道金钱的作用是有限的，而不是无限扩展的，在不同的职业中，金钱铺垫的道路往往都是充满荆棘的。如果你的职业是一名教师，如果你想要让自己的生活中充满金钱，那么你会发现自己不是在教育学生，而是在毁灭祖国的新一代，而自己的职业道路也会在很短的时间中断。如果你的职业是一名医生，你想要用金钱来推动自己的事业，那么你根本无心研究医学，更加没有心思来治病救人，最终你会发现自己根本就不是一名医生，最终会让金钱葬送了自己的事业。

生命短短几十年，你要经历的事情会很多，不要期望用金钱来摆平一切，因为不管在什么时候，金钱都不是万能的，更不是唯一的。所以说在你做出选择之前，不要为了金钱而影响到自己的选择，更加不要让选择来打乱自己的心智。每个人的内心都会有金钱梦，但是金钱梦不应该是你选择的终极目标，如果你的选择只是为了金钱，那么你还不如不做出选择。所以说一个人的选择不是金钱能够完全左右的，即便你用金钱为自己铺垫了一条道路，那么这条道路上也一定不会是风平浪静。

如果你想要用金钱来帮助自己做出选择，那么你要学会在适当的时候，用适当的方式，并不是所有的选择都需要金钱来做铺垫。比如说你在创业初期，你拥有了资本，那么你可能会比较顺利地创业，如果你在前期没有创业资金，那么你可能要花费好几年的时间来创造资金。但是，如果你拥有了雄厚的资金，想要用金钱为自己打造一条不现实的大道，那么最终，你会发现自己的选择往往是葬送自己的事业的。所以说金钱铺垫的道路往往充满坎坷，只是你被金钱铺垫的路面而欺骗，以为前方的道路是一帆风顺的，没有看到路面长出的荆棘。

选择是自己一生的事情，一旦你做出选择，就要对自己的选择负责，不要期望有人为你错误的选择埋单，因为在很多时候，你的选择往往会影响到每个人的心情，最终你会发现自己的选择其实是自己为自己挖的陷阱，而这个时候你才会发现，自己选择失败的始作俑者就是金钱。

要知道，在一个人的人生中，金钱可能是我们日常生活中很重要的需要，但是金钱不是万能的，不是所有的事情只要依靠金钱就能够实现的。要知道在很多时候金钱只能做到或者说是完成我们日常需要的一部分内容，它不可能成为我们人生中的唯一。要知道一个只看重金钱的人往往是一个失败者，他们不懂得金钱的真正意义是什么。

拥有更好选择的秘诀

无知的人总是认为拥有金钱就能够拥有一切，甚至有人认为即便自己不付出努力，只要自己有钱，那么自己想要的就能够得到，但是结果却并非如此。尤其是在选择面前，很多时候，一个人的选择往往只是一个人努力的成果，即便是当时你想要让自己选择的道路变得更加顺畅，那么你也不应该选择用金钱铺垫自己的道路，因为金钱只是将道路的表面抚平，只要你踩到坑洼的地方，会瞬间陷入坑洼中，金钱铺垫的道路充满荆棘，不要过分依赖金钱的作用。

虚伪的面具经不住真实的考验

虚伪像是美丽的泡沫，在阳光下是五彩缤纷，但是经不住风吹和雨打，当雨滴轻轻打在泡沫上的时候，它就会很快破掉，显出自己的本性。虚伪在真实面前总是很无力，这层面纱也只有真实的竹签才能捅破。

生命是真实的，无论是鲜活动人抑或面目黯淡，都将最终定格在人生的某一个瞬间，欢喜悲愁与泪水飞逝，成为铭记或淡忘的过去。在这大千世界中，真实的云朵还有可能被飘来的风吹散，更何况那虚伪的表面呢？生命是真实的，容不下过多的虚伪，假如一个人选择了在虚伪中生活，那他这一辈子少不了各种的痛苦和纠结。

虚伪的人害怕寂寞，所以才会用表面的"无所谓"来掩盖自己内心的害怕。如果你直接拆穿他们的真实内心，他们会觉得自己没有了依靠，会瞬间崩溃。这就是虚伪面纱下的心灵，当你要面对抉择的时候，不要虚伪地假装自己的强大，从而做出不合适的选择，就像是买衣服，不要以为自己的腰很细，从而选择那件在模特身上很漂亮的衣服，最终你买回来的只能够是摆设。让真实的内心帮助你做出真实的选择。

　　虚伪就像是一场华丽的闹剧，闹剧总有结束的时候，虚伪也总有被看穿的时候。当一个人习惯了虚伪地面对一切的时候，他会渐渐地忘记真实，从而让自己活在虚伪的面纱下。一旦这层面纱被现实的风吹走，那么他就会无助地不知如何是好。

　　一个女孩总是喜欢在别人面前炫耀她的父母，因为她的父母都是高官，所以她觉得很光荣，不管是什么时候，在什么地点，都会将自己的父母挂在嘴边。进入大学以后，她也觉得自己和别人不一样，但是事实却打破了她的幻想，没有人在意她的身份，更没有人因为她的父母而对她猛追热捧。所以，她很失望，觉得对自己不公平。

　　通过这个简单的小例子，可以看出虚伪的人总是喜欢拿着别人做资本，即便是在遇到选择的时候，也是习惯了做出虚伪的选择。在他们的内心中，可能明明知道自己的选择不是最适合自己的，然而为了自己的面子还是会做出这样的人生抉择，但是一旦事实打破了他们的人生抉择，他们究竟会不会经受住这突如其来的磨难，这将是一个很严重的问题。

　　或许没有人知道虚伪之人内心是多么的苍凉，因为他们表现出来的总是光彩照人。他们害怕被人拆穿，希望自己的面具能够戴到永远，但是事实总是很残酷，他们总是不能够成功。所以要想做更好的选择，就要敢于摘掉虚伪的面具，让别人看到自己真实的面貌，这样你才能够得到别人的尊重，从而做出更好的选择。

　　的确，每个人难免都有虚伪的一面，从某种角度来说，这不存在是否需要，倘若想在社会中生存下去就不可避免要戴上自己的面具，但那只能局限于某些场合，而并不能代表我们整个的人生。虚伪不过是一片浮云，早晚要散去。就算它再美，也不可能通得过现实的考核。然而有些人总是会在关键时候，选择虚伪而不愿意面对真实的自己，这无非是对于生活的一种逃避。然而在人生的旅途中，不管你逃避还是不逃避，你必经的每一个细节，每一个问题都会在那里，不增不减。逃避也是一种选择，但它绝对不是一个最佳的选择。

　　不要让自己成为虚伪的人，因为一个人的虚伪一旦被揭穿，往往会成为一种罪恶，世界上没有人希望自己身边的朋友或者是亲人是虚伪的，因为虚伪往往会给你也会给他人带来伤害。所以说，如果你想要让自己的生活变得更加快乐，那么就不要让虚伪占据自己的内心，更不要让自己成为虚伪的人。如果现在的你还在戴着虚伪的面具，那么你应该赶快摘下面具，让自己以真实的面孔面对自己的生活，面对生活中的困难，更应让自己的生活变得更加真实，这样你才能够感受到真实的快乐，才能够拥有属于自己的成功。

虚伪往往是成功的绊脚石，在虚伪的面具下，往往显现的是狰狞的内心世界。一个人的虚伪往往会给身边的人带来伤害。所以说，如果你想要实现自己的成功，想要让自己的人生道路变得比较平坦，那么就不要让自己的生活变得狰狞，不要让自己活在虚伪的世界里，让自己变得勇敢一些吧，让自己的真实感动外界，让自己的真实帮助自己成长，帮助自己实现属于自我的快乐。

虚伪再美丽，也必然会成为一片虚无，就像一朵罂粟花一样，它终究是毒品的前身。很多喜欢虚伪的人，会努力在人前表现出自己的完美，但却死死地支撑着入不敷出的高昂代价，最终产生很多只有自己才知道的酸楚。所以说，人一定要对自己的选择负责，要用真实的心来做出选择，只有这样你的行为和抉择才有利于你的成长，才不会伤害到其他的人，这就是你的人生抉择。每个人都有每个人想要的东西，还是那句话，要认清自己想要的是什么，不要虚伪地欺骗自己的内心，这样你最终的抉择肯定是符合你的。

拥有更好选择的秘诀

你活在虚伪的闹剧中不能自拔，等你清醒地看到自己的内心的时候，你会反问自己的抉择是不是属于自己的，不要等到这个时候才清醒。为什么不在做抉择的时候，就告诉自己的内心，要真实地面对前方的路呢？摆脱虚伪的面纱，真实地对待自己前方的路，这就是你最好的抉择方式。虚伪的人生终究是一场闹剧，这场闹剧看似拥有华丽的表面，似乎拥有华丽的人生，但是要知道闹剧结束的时候，将会是死气沉沉的寂静。

活着不是为了玩个性

在大街上你经常会看到有的人穿得很潮，染着"五颜六色"的头发，穿着"破破烂烂"的衣服，看似是另类。对于这样的人，你或许会说他们很个性，但是活着不是为了玩个性，不管你选择什么样的人生，要的都是实实在在的生活，而不是只是玩个性。

每个人都有每个人的性格特点，就像是不同的花朵往往有不同的颜色，很多人的性格注定了他的选择，这一点是很重要的，很多人热衷于表现自己，尤其是表现自己的性格特点，很多人不希望自己和他人一样，从而找各种能够突出自己另类的方法，但是不管你怎么寻找，也不要在人生的选择上突出自己的另类，选择人生不是代表你个性的物品，要懂得珍惜自己眼前的选择。

很好笑的事情经常会发生，尤其是想凸显自己性格"异类"

的决定，但是这样的决定很多时候会让你感觉到后悔，或者是感觉到很遗憾，所以说不要将人生的重大选择当作是一场闹剧或者是表现自己性格的物品，面对自己的选择，要认真地思考自己的选择和自己的决定，然后找到符合自己正确的路。

一个女孩在高中时的学习成绩很好，在高考的时候发挥得也很好，所以她考上了国家的重点大学。但是她看到自己身边的朋友很多都放弃了上大学，她为了表明自己的个性，所以她也放弃了上大学的机会，她以为自己的这个选择能够让自己找到一份很好的工作，但是当她真正走上自己的工作岗位才发现自己在公司中，学历是最低的一个，很多时候她体会不到自己的价值，即便是她再努力地工作，还是无法得到晋升，因此，她十分沮丧，也很后悔自己曾经的决定。

一个人有怎样的性格，就会有怎样的人生，所以说人生抉择和性格是十分相关的。在工作中，你或许会认为自己的性格适合做一个领导者或者是管理者，所以你可能就会向这一方面去努力。但是性格和个性不是一个概念，不要以为自己做出另类的选择就会有不一样的人生，或者是自己的人生就会光鲜多少。在选择面前需要的是真诚和真实，要知道玩个性的选择不是真实的抉择，往往会让你的选择变成一场滑稽的闹剧。

在人生的旅程中，每一个选择下面都蕴含着不可预知的未来。选对了，未来的生活一片阳光明媚，幸福美满；选错了，未来的生活则很可能阴霾遍布，甚至会给自己带来刻骨铭心的伤痛。因此，对于人们来说，主宰自己命运的关键就是拥有选择的智慧。

玩个性的选择，往往是表现欲很强的人会做出来的事情，这部分人无时无刻不想表现出自己的与众不同，在他们的心中，希望他人能够注意到自己。所以说就会表现出自己的特点，而一般的表现往往不会让他们得到心理的满足，只能够通过自己的选择或者是人生抉择来表现出自己的与众不同，而选择出来之后，他们往往会觉得很失望，或者后悔自己曾经的抉择。

一个男孩本来有一个对他很好的女朋友，但是他的朋友总是说这个女孩其貌不扬，没有特点，根本配不上他。时间一长这个男孩对自己的选择产生了怀疑，像自己这么有个性的人身边怎么能配上这么一个普普通通的女子呢。于是在朋友的介绍下，他在歌厅里认识了一个漂亮的女孩，因为女孩长得很漂亮，所以他感觉有她在自己身边是很有面子的，然而没有想到的是那个女孩并不会照顾人，也不顾及他的感受而且花钱成瘾，最终因为自己满足不了她的需求，两人谈了不到半年就各奔东西了。经过了这段时间，男孩开始怀念过去，怀念和以前女朋友在一起的点点滴滴，心里后悔不已。为了一时的张扬个性，最终丢了最适合自己的人，真的是一种难以估量的损失。

如果你不懂得珍惜现在所拥有的一切，那么最终你就会失去自己想要的东西。在一个人的内心世界中，自己拥有的东西往往不是珍贵的，他们总是看到自己没有拥有的是多么得好，但是一旦失去才知道后悔。因此，你要对自己的人生负责，你没有资格来跟人生玩"个性"，如果你现在还在玩个性，那么你会发现自己的人生已经失去了最宝贵的东西，只是自己还没有意识到而已，即便是意识到了，后悔也毫无作用，所以说不要跟自己的人生玩"个性"，更不要让自己的人生变成一个悲剧。

你可以活出自己的个性，但是千万不要为了自己的"个性"而失去了属于自己的本真。在很多时候，如果你一旦失去了自己的本真，那么最终，你将拥有的也只会是一种失败。要知道一个人的人生是不允许有半点马虎的，如果你觉得自己的人生可以用来玩耍，那么你的人生也会毫不客气地跟你开玩笑，最终失败的是自己，受伤的也会是自己。

人活着不是为了玩个性，生活本来是平静的，如果你总是嫌弃自己平静的生活，总想让自己拥有轰轰烈烈的人生，那么你为了这种轰轰烈烈而跟人生玩个性，那么最终，你会发现其实自己的生活已经一团糟，自己的生活已经变得失败。因此，平静地生活着，为了自己的梦想而奋斗，这并没什么不好。而所谓标新立异的个性也不过就是过眼云烟，当你真正实现了自己的理想的时候，你才会发现其实自己的人生已经不平凡。

不要在选择面前玩个性，这样你会让自己的选择变成一场闹剧。人都有表现欲，但是不要让表现欲控制了你的内心世界，要知道选择是人生重要的转变，不要因为自己的表现欲而失去了自己转变的机会，更不要让自己在选择之后后悔莫及。

你喜欢玩"个性"吗？要知道活着不是为了玩个性，盲目追求标新立异的个性之后，你才会意识到自己选择得有多么可笑，不要让自己的人生留有遗憾，更不要让自己的生活变得一团糟，用自己真实的心来面对自己的选择，这样你才会做出最适合自己的选择。

敢于面对自己弱势的内心

每个人来到世界上都应该是公平的，但事实不是这样，比如有的人长得英俊，有的人长得丑陋，有些人一帆风顺，有的人人生坎坷不平，有的人剽悍强壮，有的人却显得羸弱。同样在选择面前也是一样，只有你内心世界足够强大，你才能容下许多东西，才能抵挡住一些东西，面对错综复杂的世界，你才能不被其左右，才能获得主动权。

有没有问过自己这样一个问题：你的内心是怎么样的，是敢于直面挑战，还是在坎坷的道路上不敢驻足。当你面对自己前方的选择的时候，要学着去做出正确的选择，即便自己在这个时候是处于弱势，也要做出自己的选择，在选择面前要勇敢，不要让自己弱势的内心阻碍自己做出选择。

当你想要实现自己的成功的时候，就要学会面对自己的内心世界，如果你能够面对自己的内心的时候，你会发现自己内心的弱点也并没有自己想象得那么可怕，最终的成功也将会是一种幸福。如果你不敢面对自己的内心世界，即便你的内心再强大，你也不可能会给自己一个正确或者说客观的定位，最终也不会实现自己的成功。

人的一生有太多的无奈和悲伤以及太多的感慨，面对强大的现实，必须有一颗强大的内心，不要让自己的内心变得懦弱，用自己的原则去选择属于自己的生活，选择了就不要害怕承担责任，不要害怕结果的凄凉，这是每个人都必须要面对、要解决的事情，不要退缩，不能逃避，不能绕着矛盾走，明知不对还要卑微地去附和。不要轻易言败，不要随意失去让自己选择的权利，更不要为懦弱找借口。只要自己的选择是正确的，就应该据理力争。

刘晓娜在大学的时候，喜欢上了机械专业的一个男生，那个男生不但长得帅气，更重要的是他的篮球打得也很好，是学校里的风云人物。刘晓娜知道喜欢他的人很多，而自己只是一个长相一般的农村来的丫头。

在一次学校组织的旅游活动中，他也参加了。在旅游的途中，他几次找刘晓娜说话，刘晓娜只是淡淡地说了几句后马上走开了，她不敢相信他会和自己说话，刘晓娜对自己很没信心，就这样她失去了这次很好的机会。大学毕业后，无意间刘晓娜听到机械系的一个好朋友告诉自己，那个男生其实一直在暗恋着自己，只是看到刘晓娜每次都躲着他走，以为刘晓娜不喜欢他，所以也没有表白，而现在两个人也失去了联系。

每个人的内心都有弱势的一面，在他的行动中或多或少会表露出来，因为每个人都有缺点，尤其是自卑的人，他们总是只看到自己的缺点，这样一来，当他们需要做出选择的时候，他们会在选择面前挣扎，挣扎着看自己是不是要做出改变，内心弱势的人往往会选择逃避，在选择面前逃避。所以说，当你的内心充满畏惧的时候或者是当你感觉到自己内心懦弱的时候，要想办法克服自己的这种思想，从而让自己勇敢地面对选择，做出最适合的选择。

生活就是由无数的苦难、困难串联而成的，当你战胜了它时，你便获得了成功，成为了强者；如果你被它一次又一次地打败，并放弃了与它的搏斗，你便将一生碌碌无为。困难就如弹簧，你弱它就强。勇敢地面对困难，你会发现，困难原来只是一只纸老虎。生活其实就像人的掌纹，它曲曲折折，充满坎坷，却始终掌握在自己的手中。我们要将命运掌握在自己的手中，迎着风雨向前奔跑。生活不是等待暴风雨过去，而是要学会在雨中翻翩起舞。所以，在困难面前更应该勇敢地面对，做出困境中的人生抉择，直面自己内心的懦弱，做出更好的选择。

其实，人要正确看待自己，明白自己的闪光点。然后，让自己的长处得以发挥。这是最基本的获得自信的前提条件。获得自信，要先获得满足感，让自己觉得自己很行。这是最基本的，这样一来，你会发现自己的内心很丰满，从而做出的选择也会是适合你自己的。因此，你要好好利用自己的长处，尽量发挥自己的长处。要多做，只有这样才能尽可能地品尝到成功时的满足感，那么你才能建立起自信。如果一再地认为自己不行，而什么都不去做，什么都不敢去做，就会变得越不自信，这是一个恶性循环。

每个人都有每个人内心的弱点，但是不要扩大自己内心的弱点，扩大自己的弱点，无疑是让自己变得更加不知如何选择。当你看到自己的弱点的时候要学会面对，面对自己的弱点，在选择的时候要懂得克服弱点，让自己做出更加适合自己的选择。每个人都会有每个人的选择，你要保证自己的选择不是一种逃避，是属于自己的选择。

如果你的内心是懦弱的，那么没有关系，只要你认识到了这点，那么你就应该为了自己的成功而付出努力，在你懦弱的内心中，你不需要让自己瞬间变得强大。只要你认识到这一点，那么你可以利用一切的条件，来让自己变得更加强大，只有这样，你才能够战胜自己，战胜生活中的困难，实现自己的梦想，最终让自己的内心强大起来。

即使你的生活已经跌落到了谷底，即使你拥有的就只剩下失败，那么你也不应该让自己就此堕落下去，你应该明白，现在的失败就是为了以后能够成就自我，能够实现自己的成功，如果现在的你无法实现自己的成功，那么最终，你怎么可能让自己成就自我呢？

即便你处在社会的最底层，即便你是弱势群体，即便你认为自己的内心充满伤痛，也不要在人生抉择面前丧失斗志，更不要因为自己的自卑而放弃，要敢于挑战自我，做出正确的选择，最终，找到属于自己的那条阳光大道。在你的人生道路上，会遇到各种各样阻碍你选择的因素，如果你能够将自己的人生趋向确立下来，坚定不移地去坚持，那么你就能够让自己的选择成功，每个人都会有每个人的抉择，只是看你能否让自己的选择做得更好。

拥有更好选择的秘诀

要想做出更加适合自己的选择，就要让自己明白自己想要的是什么，这是你选择的第一步，也是你选择之前的准备工作。当你明确这一点之后，就要学着将自己的优势转化成价值，不要让自己的欲望肆无忌惮地增长，更加不要让自己变得那么虚伪。在选择面前需要的是真实，而不是逃避，不要逃避自己内心的弱势，做出适合自己的选择。

本章小结

　　在你的人生道路上，会遇到各种各样阻碍你选择的因素，如果你能够将自己的人生趋向确立下来，坚定不移地去坚持，那么你就能够让自己的选择成功，每个人都会有每个人的抉择，只是看你能否让自己的选择做得更好。人的一生会出现很多次抉择的机会，只是看你能否做到正确地做出选择而已。

第三章　甩掉情感线上的乌鸦

　　人不是冷血动物，注定会被情感干扰。如果你没有情感的束缚，那么在很多时候你会很快完成自己的选择，但是事实绝非如此。其中各种各样的感情，都会成为阻碍你选择的那只"乌鸦"，所以说要想实现自己的成功抉择，就要学会想尽办法摆脱"乌鸦"的叫声，让你成为一个在人生抉择面前冷静、睿智的成功者。

不要让负面感情麻醉你的心灵

人是感情动物，所以才会感觉到活着的意义。感情很多时候会左右一个人的心智，做很多事情也绝非内心所想，而是感情所致。人生抉择时常出现，要想理智做出选择，不让自己悔恨终身，当然这就要求你不要受到感情的麻痹，用真实的内心抗击感情的阻力。

在感情的世界里没有对与错，尤其是当一个人遇到感情问题的时候，整个人都会围绕着感情去思考、去抉择。这个时候难免会被感情左右，感情就成了影响你选择的瓶颈，所以在这个时候，你就要学着打破这个瓶颈，打破感情的麻醉，解放自己的心灵，做出适合自己的选择，不要因为一时的不理智，让自己走进人生的误区。

李春燕是南方人，在大学期间认识了现在的男朋友，而自己的男朋友是北方人。在大学这个充满浪漫的环境中，两个人从来没有考虑过毕业后两个人的状况。但是毕业是必然的结果，在毕业后，男朋友提出要到北方工作，而李春燕的父母要求她留在南方。

　　或许爱情的力量真的是很伟大，李春燕违背自己父母的意愿，毅然决然地跟随自己的男朋友来到了北方发展，李春燕说："如果不是因为他，我不会在北方工作，更不会违背父母的心愿，也不会放弃父母给介绍的稳定的工作，这就是感情的影响力。如果能够这样生活下去也好，但是来到北方之后，现实的生存压力让我们的感情变得有些黯淡，感情变得脆弱不堪，和他吵架也变得如家常便饭，现在已经到了要分手的境地。"

　　这个简短的例子，就让我们看到感情往往会影响到一个人的抉择，甚至影响到一个人的一生。李春燕曾经因为感情，选择了离开父母，陪同男朋友来到北方打拼，但是在很多时候，感情是经不住现实的考验的。在当时，感情麻醉了她的心灵，不能说曾经的选择是一个错误，只能说曾经的选择不够理智，由此可见，感情会影响到一个人的抉择。

　　感情在很多时候会变成麻药，让你的心灵在不知不觉中，被它麻醉，你的心灵不知道是什么时候，就跟随着感情做出了选择，而当你从麻醉中清醒的时候，才会发现自己已经满身伤痕或者是疲惫万分。所以说，在遇到人生的选择的时候，要想方设法让自己理智一点、清醒一点，最终做出正确的抉择，起码在数年之后，不要因为自己当初的不理智而后悔一生。

上篇　冰与火的思绪，炼狱般地纠结

学会自我调整，往往是让自己清醒的途径之一。当你被困在感情的泥潭的时候，要学会自我拯救，尤其是当你抓不住外界的救命稻草的时候，要学会将自己当作稻草，调整自己的心态，捋顺事情的过程，然后让自己变得清醒一点，不要带着激动或者是冲动做出抉择。当你在做抉择的瞬间要确保自己当时不是处在冲动的状态下，这样即便你因为感情而做错选择，也不会后悔自己选择的道路。

　　你想要让自己以后的人生不后悔，就要对自己的选择负责，而对自己的选择负责的最佳途径，就是在选择之前有一个好的开始，那就是要学会用理智的心灵来做出人生的抉择，摆脱情感的麻醉，清醒地做出选择，这样即便你的选择不是那条阳光大道，但是你在以后的人生中也不会后悔。

　　我们生活在感情的世界中，在我们的身边总是会出现这样那样的感情，不管是什么样的感情生活，我们需要的就是用心去体会。但是在人生的道路抉择中，很多时候感情往往会成为你做出选择的障碍，它会阻碍你的抉择，为什么会出现这样的结果，其实很简单，因为你是感情的人类，你不可能忽视你身边的亲人朋友，更不可能不在意别人的感受。当别人的感受直接发射到你的心灵中的时候，你才会意识到这个时候自己所拥有的不仅仅是那么简单的生活，在一个人的生活中，我们拥有的其实已经很多，每个人的生活都不是那么简单的，但是要知道每个人的生命也不仅仅是一种抉择，因此，要学会摆脱感情对你的阻碍，让自己的抉择变得更加顺畅。

在你的生活中，你会遇到亲情、友情、爱情，这些都是必不可少的。但是不要让这些情感成为你做出选择的障碍，更不要因为这些情感而影响到你的心灵。在很多时候，亲情最容易让你的心灵麻痹，因为你不知道在什么样的状况下，你会得到什么样的生活，更不知道在什么时候亲情的力量会成为你心灵做出选择的负担，如果你想要实现自己的梦想，就要让自己变得理性一点，不要在感情的世界里，让自己的心灵受阻，更不要让自己的人生抉择成为感情的牺牲品。

人们都说当一个人遇到了感情问题的时候，就会变得不理智，其实这一点也没有错，在很多时候，如果你不能够正确面对自己的内心世界，那么最终你也不会实现你自己的成功，在自己的感情世界里，你需要让自己变得冷静，尤其是当你面临选择的时候，更应该理智地分析目前的状况，让自己保持冷静的头脑，最终，做出最适合自己的选择。不要因为自己一时的情感，而让自己做出后悔的决定，更不要因为感情让自己的思维无法正常思考，要知道每个人都会经历感情，但是不同的时候你应该合理地对待，最终让自己保持清醒的头脑才是最重要的。

感情是有利有弊的，拥有感情往往拥有幸福感，同时也会拥有烦恼，因为在很多时候，你的感情往往会左右你的思想，让你的思想跟随你的感情前进，而前进的道路不一定是适合你的，只是因为一时的冲动而选择了这条道路，这往往会让你在以后的道路上后悔今天的选择。因此，在你做出选择之前，要学会挣脱感情的阻挠，实现自己的真正抉择，跟随自己的心灵，选择一条适合自己的道路。

拥有更好选择的秘诀

选择不要的时候，要保证自己的大脑是清醒的，不要让自己处在麻醉状态的时候做出涉及自己人生的选择。这个时候你要学会按照自己的心灵去选择，不要让感情麻痹你的心智，从而做出让自己后悔的决定。

愤怒往往是理智的禁忌

愤怒的人往往会做出冲动的举动，当冲动过后，或许你会发现冲动的魔鬼已经占据了自己的内心。别人不会甘心服从你的命令，所以就会出现矛盾，你会因为一些小事情，感觉到愤怒。愤怒是一种发泄情绪的途径，但是不要让愤怒变成肆无忌惮的事情，那样很不利于你的生活和决定。

如果理智是桥，愤怒无疑是侵蚀桥梁的白蚁。不要让自己的成功抉择被愤怒所击垮，理智需要平静的心态来铸就。人生抉择会有很多，但是要想做出适合自己的抉择，选择正确的路途，那么你就要保证在选择之前能够有一个清醒理智的头脑，让自己的大脑能够正常运转，不要因为一些小事情，让自己的思想偏离正确的轨道，从而因为自己的冲动或者是愤怒导致自己走向绝境。人生的选择就是人生的机遇，要想能够抓住人生的机遇，实现自我突破，那就应该更加认真理智地对待每一次选择，不要让愤怒的星火点燃冲动的稻草，从而烧毁自己精心耕耘的那片良田。

　　如何克制自己内心的愤怒，这或许不是一件容易的事情，但是能够克制住自己心绪或者说能够压制自己内心的怨气的人，往往是一个自制力比较强的人，这样的人无论做什么事情都会三思而后行，同样，他们明白理智的重要性，也明白如果在愤怒的时候做出不理智的抉择，往往会导致什么结果。

　　当你的思想成为了你的情绪的俘虏，那么你也就会变成一个冲动的魔鬼，有意无意间就会伤害到他人也会伤害到自己。很简单，一件简单的事情都会让你大动肝火，那么你还怎样来正确处理人生中的重要抉择呢？

　　师佳愤怒地将自己的水杯砸向了刘涛。这是一件很简单的事情，刘涛无意间将师佳的书本蹭到了地上，沾上了地上的泥水。师佳心中的怒火顿时升起，冲着刘涛开始大骂，刘涛开始还是强忍着给师佳道歉，但是没想到刘涛的迁就换来的是师佳的更加愤怒，刘涛不知道为什么她这么生气，后来刘涛也忍不住自己的愤怒，两个人就吵了起来，后来师佳就将自己的水杯砸向了刘涛，最终的结果是，水杯砸中了刘涛的额头，血顺着脸颊流了下来。

事后，师佳也后悔自己当时的举动，感觉到当时自己就像是中了邪，怒气左右着自己的思想，让自己失去理智。因为这件事情，可以成为学生会主席的师佳落选了，这就是她愤怒冲动后的结果。

克制自己愤怒的细胞是需要时间的，容易愤怒的人往往会将愤怒变成习惯，在自己习惯了愤怒之后，只要是一点不顺心的事情，他也会表现得情绪波动很大。要想控制自己这种愤怒的细胞是需要时间的，不可能在短时间之内让一个人变得温和，就像是你不可能让一只鹦鹉在一日之内就能学会说人类的语言一样。这需要时间的磨炼，磨炼一个人的心智，同时修炼一个人的情操，时间是很好的良药，总是能够让一个人明白很多。

人生重大的选择，不仅仅是一个人的事情，往往也牵扯到其他人，会被亲人们牵挂。比如说选择职业，每个人的父母都希望自己的孩子能够有一个好的职业，所以说这个时候，作为子女的你，就要更加慎重，不要因为一时的愤怒或者是冲动，影响了自己选择的结果，当你发现结果不如意的时候，那也就晚了。所以说要想理智地做出自己的选择，就要学会考虑自己的亲人和朋友的感受，考虑爱自己的人的感受，当你看到白发苍苍的父母的期望的时候，你会放下愤怒冲动的情绪，逼迫自己理智地做出选择，这样你会发现，自己也是可以平静的。

或许你经常会听到这样的话："那种情景下，真的控制不住自己的情绪，不生气都不行。"当你听到这句话的时候，不要以为这是因为外界的因素造成一个人的愤怒和不理智的，或许惹怒这个人生气的人或事真的很过分，但是说出这句话，就证明当时还是可以控制自己的情绪的，能控制自己的冲动情绪的时候，却没有控制住而已。

容易愤怒的人，往往会给别人产生不够稳重的感受，当你在工作或者是生活中，可能会经常遇到这样的人，他们总是会因为一点点的事情而发怒，甚至会大发雷霆，让别人陷入尴尬的境地。其实，这样的人也不希望会是这样，但是在当时的情况下，他根本无法控制自己的情绪，一个人要想控制自己的情绪，就应该让自己拥有一个好的心态，而心态的保持平衡，需要自己内心的平衡。

换句话说，不管在什么时候，都要让自己成为那个稳重的人，因为稳重往往会给别人产生好的印象，也会让你感受到自己的人格魅力。如果你足够稳重，那么最终你会发现你的人生抉择其实就是一件很简单的事情，你最终的成功，就是因为你的情绪。不要因为一点点的小事情就大动肝火，更不要给别人留下不好的印象，这对你的人生抉择是很重要的一步。

总之，无论做什么事情，尤其是涉及自己抉择的事情，都要学会认真对待，不要让自己冲动的情绪抹杀自己奋斗的结果。一个能够控制自己怒气的人，往往是一个有修为的人，这样的人，做事情会用理智的头脑去想，做选择之前也会用理智的思维去想清楚自己抉择的结果和过程。习惯用愤怒的方式处理事情的人，往往是一个欠考虑的人，他们不会想到自己在愤怒之后，会有什么样的结果，更不会想怎么样处理结果。只会在愤怒之后懊悔自己选择的失败，然后后悔自己的举动。

拥有更好选择的秘诀

控制情绪不会像买菜那么简单，但是也不会像长翅膀飞翔那么遥不可及，所以要学着控制，控制自己的情绪，不要总是冲动做事，更不要因为自己的冲动影响到自己的选择。人生中的选择多半是很重要的，当你面对自己重要的选择的时候，更应该要慎重，理智地去对待，这就是你的魅力所在。

让内心重新恢复平静

　　每个人每天的内心都会有这样或者是那样的波动，或许是因为感情或者是因为工作。不管是因为什么，最重要的是不要被这些事情干扰，最终影响了自己内心的平静。在很多时候，一个人的内心世界是需要维护平静的，就像一潭水，是需要周围的山围绕的。当一个人内心不能够平静的时候，那么很有可能会做出错误的选择。

　　不管是内在的因素还是外在的因素，很多时候都是能够影响一个人的心情的，在很多时候一个人的内心是否平静往往不是自己能做得了主的。所以当你遇到不开心的事情的时候，就要想方设法从自己的脑海中赶走这些不快的事情，让自己内心自我解脱，最终让内心恢复平静，实现自己的正确选择。

　　感情，尤其是男女之间的爱情，很多时候都会让一个人变得不平静。有人说恋爱的人都是"疯子"，有些恋爱中的人做事情从来不会考虑到周围的环境，只要让心爱的人能开心就行，这就是感情。所以在谈恋爱的过程中，男女双方情绪波动很大，会因为一点小事情就惊喜若狂，也会因为一点事情变得心情低落，这就是处在恋爱阶段的人们。在这个时候，人生的抉择往往会显得不够理智，也会因为自己内心的不平静而做出错误的抉择。

外界因素也往往是造成自己内心不平静的根源，比如说当你的同事得到领导重用的时候，你的内心是否会有一丝丝的不平静；当你学习的时候十分努力，在考试的时候却发现平时不爱学习的同桌考的分数比自己的还高的时候，是不是会感觉到上天的不公平；当你们同学聚会的时候，发现自己的一位同班同学开的车比自己的车好很多倍的时候，是不是有点不服气；这些都是一个人内心不平静的原因，但是绝非是内心不平静的根源。这些内心的波动，都会影响到你的选择，不管是正确的思想波动还是负面的思想波动，都会影响你做出人生的抉择。

李丽是某所中学的学生，自己英语一直不好，但是她也很认真地在补习英语，每天都会花费很多的时间在英语的学习上，而她发现自己的同桌平时也不怎么学习英语，每次考试的时候都能够拿到很高的分数。后来，李丽下决心，要在这个学期考试的时候，超过自己的同桌，因此，她更加努力，花费更多的时间在英语上。

但是，结果却不遂人愿，她的成绩不但没有超过自己的同桌，英语的最后得分竟然排在了班级的倒数十几名上，这让她内心很不平衡，她不服气为什么自己那么认真，还不如同桌考得好，而同桌平时也不怎么看英语。因为这件事情，她在和同桌相处的时候，就更加有一种抵触心理，从而导致两个人的关系也慢慢疏远。

在我们上学的过程中，这是经常见到的一种现象，当然，也是我们经常会遇到的事情。要知道如果学习方法不当，努力不一定有收获，这就是为什么李丽感觉到内心不平衡的原因。所以说，很多时候一个人的内心不平衡，不是因为别人，而是因为自己的内心。

我们在电影中经常会看到这样的镜头，一个小孩被绑架，其父母为了自己的孩子能够安全会按照绑匪的要求去做，会按照绑匪的要求不报警，会将绑匪要的钱放到垃圾箱或者是厕所等地方，这个时候往往是因为感情扰乱了人们的心理。在这个时候如果你能够报警，或许绑匪会落入法网，如果你只是想到了自己的孩子，那么很可能会做出错误的选择。所以说，在生活中，要学着赶走扰乱自己内心平静的"乌鸦"，让自己能够理智地做出人生的选择。

很多时候来自外界的干扰，往往是因为自己的内心。如果能够自我平衡，那么也就不会出现不平静的现象，更加不会因为自己内心的情绪波动而影响到自己的选择。

刘宇凡收到了高中同学聚会的邀请，心里十分高兴，因为在高中，他和另外两个男生被称为是班里的三剑客，因为之后三个人选择的路不同，很多年也没见过面了，这次同学聚会想必他们也会参加。

　　在同学聚会当天，刘宇凡发现高中最要好的另两个男生竟然比自己过得都好，都是开着大奔来参加聚会的，而自己却是坐着公交去的。在聚会上，班长开玩笑说了，"刘宇凡你上了大学，还没有不上大学的刘冉混得好，心里是不是很不平衡"。刘宇凡刚听到这句话的时候，内心是有点不舒服，但是回想了一下，自己虽然没那么多钱，但是也算是过得可以，并且自己还有一个幸福的家庭。当时，刘宇凡也开玩笑说："是没他们有钱，这不正等他们救济呢，不过现在的生活很幸福，幸福就行了。"

　　由此可见，一个人的内心不平静，很大的原因在于，他不能很好地处理自己的心态，是因为他们的心态不够平衡。如果能够正确地处理自己的心态，那么不管是什么事情，内心也会是平衡的，这是毋庸置疑的。

　　如果你现在是成功的，那么你应该明白自己现在的成功来之不易，因此，要想实现自己的最终成功就要学会让自己的内心重新恢复平静。要知道，一个理智的人，往往需要清醒的头脑，同样地，要想让自己的头脑保持清醒，就不能让自己的内心总是处在高低起伏的状态中，每个人的人生都是不一样的，你没有必要因为羡慕别人的人生而产生忌妒的心理，更没有必要因为自己的失败，而让自己的内心保持低落。要知道一个成功的人需要的是让自己的内心回复平静，同样地，只有保持平衡的心态，才能够让你看清楚自己的周围，才能够让你拥有一颗善良的心境，从而找到更加适合自己发展的道路，成就自我。

每个人的成功都是不一样的，每个人的心情也是不一样的，不管在什么时候你都要学会让自己保持好的心态，只有保持好的心态才能够让自己认识到自己的周围，最终也才能够实现自己的发展。因此，让自己的内心保持平静，而这种平静绝非是不思进取，而是一种内在的魅力。

不管影响你内心平静的因素是什么，都要想方设法让自己内心变得平静，如果你想要得到一片森林，就不要怕路途遥远。在生活中也是这样，你如果想要快乐地生活，就要学会平静内心，不要变成愤世嫉俗的愤青，也不要成为唉声叹气的怨妇（夫），要端正心态，这个时候，你会做出更加正确的人生选择。

拥有更好选择的秘诀

如果你的心中总是住着一只吵闹的"乌鸦"，那么你就不可能有心情去仰望天空的湛蓝。如果你不想方设法赶走这只乌鸦，那你也不会得到平静时候的感觉。在你想要做出正确的人生抉择的时候，你就要知道自己内心是否平静，如果够平静，那么你看到的事物就会是其真实的面貌，你也就能够选择自己要走的正确道路。

妒忌别人就是在惩罚自己

妒忌是一种心态，同样也是一种感情。在很多时候，心态不好的人往往也会心情不好，这是一个连带的效果，这也就是对自己的惩罚。当你在忌妒别人的成就的时候，你会觉得时时不如意、事事不顺心，这样你的心情怎么会开心，那么在做出选择的时候，怎么会正确。即便做出正确的选择，那么也很难达到自己想要得到的结果。

妒忌之心其实人人都有，只是每个人表现的程度不一样，有的人能够转化自己的思想，让自己的内心变得更加平衡。总是在妒忌别人的人，会对所有的事情都感觉不满足，这样的人会少很多的快乐。妒忌别人，不但不会影响到其他人的成功，自己也不会得到什么好处，妒忌别人就是用别人的成功惩罚自己。

妒忌就像是荆棘，让你在不知不觉中刺进自己的血肉中，所以说不要妒忌比自己幸福或者是有钱的人，因为你有你的幸福和骄傲，不要总是看到对方的优点，看不到自己的优点，当一个人只能看到对方优点看不到自己优点的时候，那么他可能是自卑的。如果当一个人看到了自己的不足，却忌恨对方的优点，那么这个人也就会成为一个爱妒忌他人的人。

　　小孩总是看别人手中的东西比自己的东西好吃，所以才会不停地要别人的东西吃，因为他是小孩，所以大人们不会和他计较，总是将自己手中的东西，笑着送给小孩吃。这是一个不正确的举动，这也是一个小孩长大后，占有欲很强的最基本的体现。占有欲可以说是妒忌的前提，在很多时候，正是为了自我的占有，才会让一个人无休止地妒忌别人，总是看到对方的东西或者是生活比自己的好，这样一来，他们在和人相处中，只要是对方喜欢或者是优越的东西，占有欲强的人都会想尽办法拥有，不管是自己需要不需要，都会想尽办法拥有，这样的人，往往会费尽心机争取到一些东西，但是最终也不会感觉到快乐。

　　丽娜和王燕在大学里是很好的朋友，每一件事情王燕都会很照顾丽娜，因为王燕知道丽娜是单亲家庭，也受了不少苦。但是这样久而久之，给丽娜的感觉是，王燕谦让的东西都应该是丽娜的。

　　毕业后，两个人一起去找工作，有一家很著名的企业来学校招聘，她们一起去参加面试，但是结果王燕被录用，而丽娜没有被录用。丽娜很不开心，她觉得自己应该被聘用，而不应该是王燕，于是，她去找王燕，希望王燕能够将这次机会让给自己。但是这不是王燕自己能够决定的，毕竟是公司的决定，王燕也无能为力。丽娜觉得内心很不平衡，同样是一个专业一个学校的学生，凭什么不要自己，更何况自己的成绩比王燕的还好。于是，她猜想是王燕在其中耍了手脚，就因为这件事情和王燕闹翻了。

在生活中不乏像王燕和丽娜这样的人，妒忌心理其实每个人的心底都会有，只是会不会被激发出来，能不能正确地转化。我们不可否认，妒忌在我们每个人的心底都留有脚印，如果能将妒忌正确转化，那么妒忌也能够变成一种力量，促使自己成功的力量，无论在什么时候，这种力量都会发挥很大的能量，让你实现自己的愿望。

学会转化是制伏自己内心妒忌之情的关键，因为妒忌不会伤害别人，只会伤害自己，不要拿别人的成功来惩罚自己，那是不值得的事情。因此，当你感受到自己内心在滋生妒忌的火苗的时候，要选择适当的途径来转化这种思想。

当你看到自己的朋友得到了自己也想要得到的东西的时候，你就要告诉自己，如果自己努力也能够得到，但是再告诉自己这件东西是不是自己想要的。不要盲目跟风，不要单纯地以为只有得不到的东西就是自己想要的，在选择的时候，要扪心自问，这是不是自己希望得到的东西。如果自己拥有这种东西能够让自己感受到快乐，那么就要努力，真诚地去求得。

妒忌，并不可怕，当你发觉自己在妒忌别人的成功的时候，不要以为自己的思想变得肮脏，要告诉自己，妒忌也是一种力量，这种力量可以让你对生活充满激情。你会为了这种成功付出自己的努力，从而让自己过得更加有活力。不要让妒忌滋生到内心深处，一直顺着自己的血脉扩散到自己的大脑，一旦扩散到大脑，那么你就会伤害到自己，从而让自己永远活在伤痛中，用别人的成功来惩罚自己。

当你发现自己的内心充满了妒忌的火焰，那么你就应该想办法扑灭火苗，不要让自己的妒忌点着这片心灵的森林。没有人希望自己是失败者，但是当你和成功者在一起的时候，你不应该妒忌对方的成功和伟业，更应该做的是虚心地向别人学习，学习对方成功的经验，这样才会让你也实现自己的成功，如果你只是一味地妒忌对方，那么你的心灵会变得不平衡，最终你也无法实现自己的成功。

要想保持平衡的心态，首先要驱逐妒忌的思想，要知道妒忌往往会让你的内心变得十分脆弱，从而让你失去了自我，每个人的人生都会有或多或少的缺点或者是优点，但是不管是什么，都要让自己明白自己为什么存在。只有这样，你才能够让自己的内心变得强大，最终能够抵制妒忌的吞噬。

妒忌像是罂粟花，或许它产生的果实是更加厉害的毒药，而它的外表包裹的是美丽的花朵。包裹妒忌的也会是美丽的事物，很多时候你要让这种美丽的事物来感染你的心。爱妒忌他人的人往往会对自己最亲近的人实施这种思想，比如说你最要好的朋友，当你看到自己最要好的朋友超过自己的时候，很多人会内心不平衡，这就是一种妒忌。而包裹你这种思想的东西就是你们的友情，所以说不要让美丽花朵之后产生毒药。转化妒忌的思想，为自己的朋友感到高兴，这就是你的魅力。

拥有更好选择的秘诀

　　用妒忌的思想去选择事物，往往会走向歧途。因为妒忌本身就是有偏差的思想，当你带着这种有偏差的思想去处理事情的时候，怎么会让自己选择好自己的路途呢？妒忌是过度羡慕，所以不要让自己过度羡慕别人，别人即便有可羡慕的地方，要知道自己也有可羡慕的地方，无论在什么时候都要明白，要学会转变妒忌的情感，不要让这种情感影响到自己做出人生重大的选择，因为妒忌别人就是在惩罚自己。

忘记昨天的不快，选择今天的美好

　　人的大脑的储存是有限的，不要让那些昨天不愉快的事情长久储存在大脑中，要知道昨天的不快永远属于昨天，不要让昨天的不快影响到自己今天的生活，更不要铭记昨天不快的造成者，让自己的内心充满美丽的阳光，这是一个人变得有魅力的根本所在。世界上美好的东西还有很多，不要记住那些丑陋的事物，要看到今天美丽的真实存在，这样你才能够看到自己选择的道路上的花朵。

　　昨天天气是狂风暴雨，今天可能就变成阳光灿烂。人的心情也会是这样，昨天可能是踌躇满志，今天就可能是悠闲自在。生活就像是一幅五彩缤纷的油画，只有充满喜怒哀乐才能感受到生活的美好，才能将这幅画画得更加绚丽。因此，不要为了昨日的不快而悲伤，更不要将昨天的惆怅深深地寄存到脑海，该忘记的就要忘记，这是学着让自己快乐的捷径。只有让自己保持在一个正常的心态下，自己做出的选择才会真实，才能够适合自己。

　　或许你会因为昨天的事情气愤不已，但是不要因为昨天的事情让自己变得急躁，更不要因为昨天的事情让自己今天的心情变得糟糕。因为快乐的心态往往会让你能够正确地认识事情，从而做出适合自己的抉择，要知道心情急躁或者是低沉，会影响一个人的心智，从而会影响到你做出适合自己的抉择。

在电影中，你肯定会看到过这样的画面，一个女孩看到自己的男朋友和前女友见面之后，会将和男朋友所有的照片撕掉，生气地将自己的手机关机，这样的状态会持续好久。直到知道自己的男朋友和前女友见面只是一个偶然的碰面，这个时候会后悔自己的冲动。所以说不要将昨天的不快持续到今天，更不要因为自己一时的不快影响到自己今后的路，或者是因为自己的冲动做出让自己后悔的事情，这都是对自己的一种伤害。

李晓楠是一家服装店的老板，有自己的车和房子，在他高中毕业时，因为自己不好好学习没能考上大学，更严重的是和社会上的不良青年混到了一起，因为抢钱被判刑了 5 年。在刚从监狱出来时有很长一段时间自己还是无法走出阴影，总是觉得别人看不起自己，所以思想很消极，不知道自己能够做什么，也曾经一度酗酒。

直到后来他发现，自己虽然曾经犯过错，也曾经进过监狱，但是现在自己不是一个不良青年了，自己应该开始走自己新的路。所以他开始努力赚钱，慢慢地有了自己的服装店，现在他已经能够拥有自己生存的资本了。

不要因为昨天的过错让今天的自己失败，更不要因为昨天的不开心，影响到自己今天的选择。要知道一个人的心态很重要，一个积极的心态往往能够帮助一个人做出正确的选择。只是看你怎么样调整自己的心态而已。

要学会忘记，忘记昨天的不快，人的大脑就是一本书，前一页上或许会有很多的错别字，但是翻过之后，下一页往往又会是个新的开始，所以说要学会忘记，忘记有的时候就是一种解脱，很多事情没有必要天天记得，该忘记的就要学会忘记，一个放不下昨天失败的人是不会有新的开始的。同样地，一个永远会记住昨天不开心的人，今天也往往会陷入不开心中，也不会做出正确的决定。因此，要学会忘记昨天的不快，让自己在今天的生活中变得更加幸福。

失败只是属于昨天，过去的就是过去的。伤心也只是昨天的事情，该忘记的就应该忘记。如果一个人不会忘记，那么他的生活也肯定是灰暗的。在生活中，我们都会遇到不开心的事情，不管是自己造成的还是别人造成的，都是过去的事情，要忘记该忘记的不快，这样自己才能开心。

过去的终究是过去的，不要因为过去的失败而影响今天前进的心态，要知道昨天的失败往往是过去的事情，它和今天的努力毫无关系，因此，不管在什么时候，都不要让昨天的失败影响到今天的成功。如果当你发现自己的过去给自己的未来产生了不好的影响的时候，你就更应该注意，这说明你还是没有办法忘记过去，过去应该忘却的就应该及时忘却，要知道只是纠缠在过去的影子里是懦弱者和失败者的追求，没有人愿意让自己成为一个失败者，同样，没有人希望自己今天的生活受到过去失败的影响。

我们经常会看到一些人，总是愁容满面，一筹莫展。当你问到对方的生活或者是工作的时候，你会发现他的生活是不错的，工作也是令人们羡慕的，那么他为什么还在痛苦中挣扎呢？这样的人往往是无法忘记曾经的不快。大部分人是因为感情生活的失败，尤其是过去的感情问题，一直影响到他现在的生活，这样的人，往往会扮演一个比较痛苦的角色。但是要知道，即便现在的你再如何地割舍不下过去的情感，即便你每天回忆曾经的生活一百次，那些也只是过去的生活，那些也只是属于过去，在过去的生活中，你可以让自己选择痛苦，但是现在的你不应该活在曾经的痛苦中，现在的生活与你过去的生活是不相干的。因此，不要让自己昨天的痛苦影响到今天的美好，更不要让昨天的伤害延续到今天。

如果你在意你身边的人，那么就不要因为过去的伤心而让今天的自己变得痛苦，更不要因为自己昨天的失败而影响到自己今天的成功。做一个坚强的人，忘记应该忘记的事情。昨天的痛苦对今天的你是不会产生任何帮助的，因此，该忘记的就要忘记。忘记或许就是一种幸福，忘记也是一种自我解脱。

人生不如意事十有八九，那么就不要过多地在意不开心的事情，正是因为不如意，才有激情去奋斗，从而让自己实现自己的人生信念。这就要学会忘记，忘记昨天的不开心，同时让自己的心变得更加敞亮，这样你才能够看到自己前进的动力，从而获得方向，选择好自己前进的道路，最终实现自己的成功。

拥有更好选择的秘诀

不开心的事情经常会遇到，或许这件事情对你的影响很深，但是要知道这并不是什么可怕的事情，在生活中，要忘记应该忘记的事情，尤其是昨天的不开心的事情，让自己变得轻松。用轻松的心情去面对明天新的开始，当你遇到需要抉择的事情的时候，更要用积极的头脑去思考和选择，最终你会发现，原来自己也能够有更好的选择。

用放弃挣脱感情的牢笼

当你看到这个题目的时候，或许会说很多时候感情不是那么容易放弃的，它就像是双面胶黏着你。但是要知道，很多时候不该有的情感往往会束缚你的思想，在人生抉择的重要时刻，要注意不要将自己的精力花费在情感的纠结上，要学会抛开多余的情感，让自己抉择得更加自由。

一颗自由的心是最难得的，不管是在生活中还是在工作中，你都会遇到很多的抉择，如果你能够抛弃其他的束缚，让自己的心变得更加自由，那么你也就能够实现自己的抉择，从而让自己的生活变得更加精彩。

抛弃不愉快的感情，尤其是你失败的爱情经历。抛开感情的负担，往往能够让你变得更加轻松，在生活中要学着抛开爱情失败的痛苦与伤害，让自己变得更加勇敢。不要因为一次的感情失败，而对以后的情感之路产生怀疑，更不要因为自己失败的经历而放弃重新抉择的机遇，要让自己的心变得自由，让自己从失败的经历中得到成长，这个时候说不定你会发现自己也可以遇到美丽童话般的爱情，自己的抉择也会帮助你成功实现自己的情感路。由此可见，抛开不愉快的情感，做出更好的抉择是必须做的事情。

一个女孩爱上了比自己大 10 岁的男孩，两个人相处了半年，突然一天女孩知道了男孩早已经结婚，这个时候，女孩很矛盾，不知道该怎么抉择，她不想放弃感情，但是又不想这样去破坏他的家庭，最后，在自己冷静之后她选择了分手，她知道自己不能破坏另一个女孩的幸福，就这样女孩放弃了自己的初恋，虽然伤得很重，但是女孩很勇敢，她想尽办法让自己忘记男孩。现在女孩很幸福，她遇到了更加珍惜自己的人，很庆幸自己当初作出的选择。

在工作中，更应该学会抛弃感情的干扰，这样才能够让自己的工作变得更加地得心应手，在工作中，如果你总是夹杂自己的个人情感，那么势必会遇到很多的问题。因此，工作就是工作，只有将自己置身于工作中，那么你也就能够抛开自己私人的情感，从而做出正确的选择。

李长波是一家电子公司的人力资源管理人员，在自己的工作中，难免会得罪自己的同事，因为人力资源涉及员工的考核，这在很大程度上是有难度的，所以在工作中，只有抛弃自己的私人情感，才能工作得更加顺利，并且只有从自己的工作出发，从岗位出发，才能够让他工作起来得到别人的信服。所以说，他在工作中，从来不会给他人留"情面"，因为留情面就是违背自己的工作责任，也就是在将自己置于困境中。

一个人会有好几个角色要求，他可能是一个父亲，也可以是一个警察，也是一个儿子。那么在不同的角色中，都有不同的角色要求，只有掌握好自己的角色变换，才能让自己的心变得更加自由。所以说，在不同的场合和角色中，要学会转换角色，让自己找到自己的位置，最终实现自己更好的抉择途径。

该放弃的时候就应该放弃，不要死死地纠缠在一段感情生活中，因为要知道过去的就是过去的，改变的就已经改变了，你再想要挽回曾经的美好，那也不是一件简单的事情。在你的生活中，或者是在你的人生境界中，你需要的不仅仅是感情生活，更多的是自己的人生抉择。

在感情的道路上你也需要抉择，但是要知道抉择就意味着有放弃、有取舍。如果你舍不得得太多，那么最终你拥有的也不会太多，如果你懂得这一点，那么最终你将会拥有很多，在人生的道路上，我们总是在感情的世界中迷茫，在你的迷茫过后，你会得到什么呢？每个人的人生都是不一样的，要知道每个阶段的心情也是不一样的，只有当你经历了不一样的感情世界，你才能够明白自己抉择的结果，你才能够明白什么样的情感是值得自己去珍惜的。

人生路漫漫，我们每天的生活就是和情感来相互融合，其实在人生的每一天中，都不会缺少情感的陪伴，要知道人生就是情感泛滥的世界。在每个人的每个阶段情感问题总是会困扰着人们，在一个人想要成功的时候，你所拥有的不仅仅是情感，还会有你的事业。因此，对于一段不应该属于你的情感，你应该选择放弃，放弃那些奢望，你会获得更多的快乐，如果你的人生中没有了快乐，那么你的抉择还有什么意义。因此，学会放弃，是一种挣脱情感阻挠的手段，同时，也是让自己做好选择的方法。

每个人都会有自己的感情，在不同的阶段，每个人的感情侧重点不一样，因此要掌握好自己的感情侧重点。在适当的时候抓住侧重点，抛开不该有的感情，让自己的心情变得更加地适合抉择，这样你会发现自己在选择的时候会变得很简单。

拥有更好选择的秘诀

如果你是一个未成年的学生，那么你在学习的时候就应该抛弃一切杂念让自己的学业变成自己的主导，围绕着学业而抉择。如果你是一个公司员工，那么你就要抛弃自己的私利，以公司的利益为重，选择出更加重要的利益方向。由此可见，不管是在什么时候，你都会碰到人生中重要的抉择，当在选择的时候，如果你能够掌握好主要的方向，抛开不该有的情感，那么你会发现自己的抉择会更加地适合自己。

假如感情面对生死抉择

或许你很少会想到人的生死，或许你不认为自己会面对生死关头的出现。但是，世界变幻没有什么事情不会发生，在生死面前，你或许会看到自己的价值。在生与死的抉择中，每个人或许都希望自己属于生的那部分，但是要知道没有那么简单的事情。在生与死的瞬间，你或许会觉悟，让自己变得更加清醒。

生命有时候很脆弱，同时，生命也很坚强，像是柔韧的缰绳怎么扯也扯不断，这就是生的意义。在生与死抉择的瞬间，你应该能够看到自己的价值，从而让自己的抉择更加有价值。

生得有价值是需要抉择的，在生与死的边缘，只有抉择好了才能够有价值。在生死面前，你应该想点什么，这样才能够让自己的抉择更加正确，不要以为自己的抉择是没有效果的，要知道自己的抉择往往能够反映你的内心。

在生与死面前，你第一个要考虑的是什么？或许不同的地点，不同的岗位和位置，考虑的是不一样的。

生与死的抉择，很多时候就涉及一个人的情感，也就是一念之差。在这种紧要关头，一个人的思想往往会决定着一个人的性格，不要让自己的思想被麻痹，要懂得找到思想的驾驭点。只有这样，你才能够在生活的地平线上，面对生死变得更加勇敢，做出正确的抉择。

　　严文宇是一名武警战士，他明白自己的使命是什么，记得一次休假，他带着自己的孩子和妻子回到了家乡看望自己的父母，因为是夏天，所以在河里游泳的人很多。一天中午，他正好和自己的孩子在河边散步，突然听到河里有人喊救命，远远望去是一名小男孩。他顾不得考虑那么多一头跳进了水里，很快地游到了小男孩的身边，把他救了上来。

　　或许你会认为这是一个经常会看到的情况，或许你会认为这个例子没什么值得写。这样不顾及自己生命的人有很多，他们在救别人的时候，是不会考虑到自己的，这是他们职业的要求，也是他们人格的要求；或许你会说他们决定去救别人的时候，就知道自己是不会出事的。然而很多人明明知道自己不会游泳，却还是会跳下水营救别人，不管结果如何，他们的内心是不会多加考虑的，这就是一个人的价值观的力量。

　　在生死面前，要保持一颗冷静的心，在很多时候冷静的大脑会帮助你做出正确的抉择。让自己的头脑时刻保持清醒，你会发现很多事情没有那么复杂。在当今社会，工作压力给人们带来了很多的苦恼，很多人会因为要生存来压抑自己的情感，这样一来，自己的内心就会更加失去自我。

刘晓楠是班里的尖子生，可以说老师、家长都认为她能够考取国家重点大学，可以说老师和她的父母对她都给予了很大的期望，但是结果却出乎意料。她的成绩还不够国家二本的成绩，这让刘晓楠很受打击，她觉得自己的成绩很丢人，没有脸面面对自己的父母和自己的老师。

在得知成绩之后，她将自己关在小屋子里，不肯见人也不肯吃饭，甚至有了轻生的念头。刘晓楠的好朋友知道了她的状况，特意从国外回来，当她见到刘晓楠的第一句话就是："你没有死的资格，因为你的身体受之父母"。

刘晓楠听到朋友的话，突然意识到，自己没有资格轻生，因为自己还有父母。父母对你的爱，往往是你无法偿还的，所以在生与死的瞬间，要考虑到父母的感受和感情，这样你的生命才不会有遗憾。

在爱情的情感线上，你需要的不仅仅是浪漫而是真心相待。在生死面前，你是否还能够坚持你爱情的那份纯真呢？这个问题往往不会在恋爱的人们中有共鸣，因为他们只会享受爱情的这段时光，不希望有多余的事情发生。在爱情和生死相碰撞的时候，你觉得是生死重要还是真情重要，当然，答案不是唯一的，每个人都有自己的选择。但是要明白的是，不管是做什么事情，都不要让感情过多地阻碍自己的抉择，要明白自己的人生道路和人生追求是什么，这样你才能够让自己成为一个成功者。

生死面前，很多时候不是你能够抉择的。考虑到很多的时候就会影响你做出抉择。不要单纯地以为自己的生命不重要，要知道你的生命会涉及其他的人，在很多人看来你的生命是很重要的，比如说你的家庭和父母，对于他们来讲你的抉择很重要。

拥有更好选择的秘诀

生不是简单的时间流逝，在生与死的瞬间你要学着抉择。要生得光荣、死得其所。

爱的咖啡冷却，心的路程还需温暖

爱，如同是一杯咖啡，闻起来香气怡人，品起来甘苦留喉，回味无穷，爱的滋味也不过如此。但是当爱的咖啡冷却的时候，闻不到那种清香的味道。这个时候，你更要想办法用心的温度来温暖这杯冷却的咖啡，让自己重新感受到品尝咖啡的滋味。爱的咖啡已经冷却，想办法吧，让心摆脱冷漠变得温暖。

在现代社会中，说到"爱"，有些人会狭隘地以为是爱情，其实不然，爱包括的情感很多，爱情只是其中的一种。在一个简单的三口之家，最主要的情感就包括爱情、亲情。在一个简单的社会群体中，最常见到的情感或许是友爱。所以说，在不同的群体范围中，情感的种类也是不同的，侧重也是不同的。爱，不仅仅是男女间的爱情。

在人生成长的路上，你或许会看到很多的情感纠结。或许会因为这些"爱"，而让你感觉到心灰意冷。在这个时候，你要学会让自己变得更加坚强，想方设法不要让自己的心失去温度，即便自己伤得很深，也要学会感受外界的温暖，这样你才能够做出正确的抉择，才不会麻木。

有人说爱情就是一场华丽的舞台剧，在这台舞台剧中，你会感受到梦幻般地感觉，但是是舞台剧就会有结局，可能是一个梦幻一样的结局，也可能是一个悲伤的结果，所以说既然你让这台舞台剧上演，那么你就要接受它们的结局。不管结局是苦是甜，你都要接受，毕竟你是这台舞台剧的编剧和演员。当你发现自己设计的舞台剧的结局不是那么完美的时候，或许你会感受到爱情的苦涩，那么你就要学会让自己走出苦涩的结局，试着让自己的心变得释然，最终实现自己的抉择，为自己的爱情之路铺平道路。

"失去他的那段时间，感觉自己的生命变得黯淡，没有勇气再进行新的感情生活，感觉世界仿佛停止了，感觉不到自己的呼吸。"李晓梅这样说道。她和自己的男朋友相处了五年，五年里两个人心心相印地生活，两个人一起大学入学，一起大学毕业，一起找工作，一起吃饭。但是后来，男朋友渐渐疏远了自己，渐渐地他开始有自己的秘密，渐渐地他心不在焉，后来，他提出了分手，原来他爱上了别人，面对男朋友的离开，她心痛到麻木，在开始的日子里，她甚至想到要自杀，但是她知道自己的全部不仅仅是男朋友。"面对感情，我不再那么轻易相信，但是虽然有点麻木，还是希望遇到一个能够陪伴自己到老的人，这或许就是所谓的爱情。"李晓梅说道。

友爱也是一种很伟大的爱，在很多时候友爱会给一个人带来力量，有友爱的支撑，一个人往往会感觉到生活中充满快乐和温暖。友情就像是一瓶红酒，时间越久或许会更耐品味，但是背叛友情也是常见的事情。在很多时候，有的人会有意无意背叛自己坚守的友情，这个时候会伤害到你的好友，所以说要让自己学会摆脱这种友情带来的伤害，从而做出正确的选择。

李飞生和好朋友都在一家外贸企业工作，但是好朋友为了晋升，竟然将自己出卖了，将自己兼职的事情告诉了公司，因为公司有规定，在职人员是不允许兼职的。通过这件事情，李飞生再也不相信友谊，他不会轻易相信任何人，更不会将谁看作是自己的朋友，做任何事情都十分谨慎，所以给别人的感觉总是难以相处，这对他的工作带来了很大的影响。

从这个简单的例子可以看出虽然友情曾经让他失望，但是也不应该将所有的失望都带到生活中，心的路程是需要温暖的。由此可见，不管别人如何伤害自己，都要让自己的内心变得坚强，从而获得更多的温暖和阳光，滋养自己的成功。

世界不会因为没有爱的存在而不继续下去，时间也不会因为爱的冷却而停止。所以说一切都要照旧，一切都在继续，那么你又有什么理由放弃自己前进的步伐呢？在你的人生道路上，不管是遇到什么样的问题，也不管存在什么样的感情问题，都要记住，这些都不是阻碍你前进的因素，在你的人生道路上，能够阻碍你的只有你自己。当爱已经消失，你能够拥有的东西还在继续，而这种继续必然成为你存在的依据，也必然会体现你的价值，如果你依靠爱情来体现自己的价值，那么你的价值也太低了。所以说，爱的情感应该起到积极的作用，如果它不能够帮助你前进，那么你也不应该放弃自己的人生抉择，在正确的时候抛弃冷却的爱，让自己获得更大的能量，从而展现出辉煌的自己。

世界是爱的世界，只要你用心，你就会感受到爱的存在。所以不要自私地只是享受别人的爱，要学会付出自己的爱，当别人感受到你的爱的时候，他们或许会给你更多的帮助和关心。即便你得不到对方的爱和呵护，但是不要否定所有的人，要想办法让自己的心充满爱，释放爱，这样才会发现温暖的阳光总是在照射自己。

拥有更好选择的秘诀

如果你认为世界是充满爱的，那么你会感觉到爱的存在，如果你只是单纯地以为自己应该享受到别人的爱，而不舍得付出自己的爱，那么你就会发现，到最后伤害最深的是自己。所以说，当你感受不到别人对你的爱，或者是在爱的路程上遇到伤心的事情的时候，不要失望，要学着让自己的心充满爱，用自己的爱帮助自己做出选择，这样你会发现世界是温暖的。

本章小结

　　情感有的时候像是一只喜鹊，会给你带来惊喜以及让你听到动听的叫声。但是，当你在抉择的时候，你会发现情感会变成一只乌鸦，总是在你的头上乱叫，干扰你的选择，让你的抉择变得犹豫。因此，要想尽办法赶走这只乌鸦，坚定自己的信念，从而做出适合的抉择。

　　要实现正确的抉择，就要避免让感情麻醉自己的心灵，让自己在抉择的时候失去理智。更不要因为一时的愤怒，让自己做出错误的选择，这样你会后悔不已。更不要因为别人的幸福，让自己萌生了忌妒的火苗。或许在抉择的时候，你会因为昨天的不快而影响到今天的心情，但是不要这样做，因为这样伤害的总会是你自己。即便是爱的咖啡已经冷却，即便是你面对生死抉择，都要学着让自己的心变得温暖，正确地去抉择，这样你会做出更好的选择，最终实现自己的成功。

中篇

舍弃火的炙热，成就冰的坚强

第四章　那些本不该有的浮躁奢华

第五章　拣选意气相投的合适人选

第六章　在岔路口峰回路转

第四章　那些本不该有的浮躁奢华

　　喧哗了的过眼烟云，留下的只是空荡的回忆，那些世间的浮躁奢华，只会让你失去人生目标。每个人都会有奢华梦，但是每个人的奢华梦又各不相同，不要让自己的奢华梦阻碍自己的人生，更不要因为一些浮躁的东西，让自己面对人生抉择的时候不知所措，如果真的是那样，那么你的人生只能算是可悲。

舍弃眼前的诱惑，放眼最后的辉煌

人生中会遇到各种各样的诱惑，不管是你在意的或者是你不在意的，诱惑都会伴随在你的身边，只是有的人具有抗拒诱惑的资本或者是能量，从而让自己不被诱导。在选择面前，更要学会抗拒诱惑，让自己看得远一些，最终实现自己的成功抉择。

一个人贵在有自控力，控制住自己对眼前的诱惑，不管你处在怎样的环境中，都会有诱惑出现，这个时候最关键的是看你的自控力强不强，不管是来自金钱的诱惑还是来自权势的诱惑，只要是能够控制住自己的欲望，那么你也就能做出正确的选择，从长远来看，你的选择一定是成功的。

刘小南是一家印刷公司的技术人员，在公司里他主要负责的是设计方面的工作，每个月的工资也不低于 5000 元。他的能力很强，受到同行业人的羡慕，很多公司想要把他挖走，但是刘小南一直在这家公司工作，不管其他公司给他多少倍的薪水，他都没有动摇过。

刘小南说自己之所以这样做，原因很简单，是因为在这家公司，他能够感受到自己的价值。同样，自己在最困难的时候，是这家公司给了自己帮助，让自己渡过了生活上的难关，所以说在这家公司工作到老是他的选择。

要学着从长远的利益出发，不管你做出什么选择，不要让你今天的选择影响到明天的路，每个人都有属于自己的路，不管是在什么样的道路上，你都要明白这是你自己的选择。

李冉在大学期间认识了本专业的一个男孩，两个人很快建立了恋爱关系，两个人在一起了四年，但是大学毕业后，面临着工作和家庭带来的双重压力，她父母要求她和本市一名局长的儿子见面结婚，理由很简单，因为对方是局长的儿子，可以帮助她找工作。就这样李冉和男朋友分手了，嫁给了局长的儿子，后来才发现对方是一个花花公子，最终两个人还是离婚了。

李冉想到自己曾经的决定，感到很后悔，自己放弃了爱情，选择了权势，最终还是一无所有。

生活中难免会遇到各种各样的诱惑，诱惑就像是罂粟花一样，表面美丽动人，实际上是毒害人的。不要因为它表面的美丽而被吸引，要知道这种美丽背后是多么危险。要拥有一双识破诱惑的眼睛，从而获得更长远的利益。当你放弃了眼前的诱惑的时候，你会发现自己以后的路会变得很宽敞。

诱惑的天使往往会出现在欲望大的人心里，当你感受到自己内心的欲望在萌芽或者是自己的心受到了诱惑的时候，要让自己变得清醒，看看自己的路，问问自己的内心，从而摆脱诱惑。要想摆脱诱惑其中最好的方法就是学着看到未来的美好，不要只是因为眼前一点点利益的诱惑，就让自己乱了阵脚。

　　一个懂得把握全局的人，往往能够从长远出发，让自己的内心得到更多的平衡。如果你总是将自己的眼光放在脚下这一点点的土壤上，那么最终你能够实现的也仅仅是眼前的成功，最终的胜利恐怕不属于你，因此不管在什么时候，都要明白自己想要的是什么，更应该知道自己应该拥有的是什么，每个人的人生都是不一样的，每个人都有不一样的生活，在不一样的生活中，我们需要的更是不一样的眼光。因此，不要被眼前的诱惑所迷倒，更不要因为眼前的诱惑而放弃了自己今后的选择。

　　在人的一生中，最重要的就是能够把握全局，让自己的人生得到更好的发展，不管是在什么时候，都要认识到这一点，让自己的人生变得更加积极。每个人的人生都需要更大的发展，在一个人的人生中，每个人的追求是不一样的，而你不应该为了眼前的追求而放弃了全盘的棋子。

　　人都是活在选择和诱惑的道路上，对于不同的人，诱惑点是不一样的，有的人经受不起别人的花言巧语，有的人经受不起对方金钱的利诱，有的人看重的是权势的高贵，所以说不同的人有着不同的被诱惑的东西。如果能够控制好自己，那么你可能会得到更多，在将来的路上你也能够看到更有价值的东西。

拥有更好选择的秘诀 ▌

选择和诱惑往往既是兄弟又是敌人，如果你能够处理好两者的关系，那么你也就能够让自己看到以后的发展，选择自己正确的道路。相反，如果你看到的只是诱惑，那么你的未来会一直被诱惑影响更好的选择。

拣选机遇顺势而为

在生活中，你或许会遇到各种各样的机遇，你或许会将很多事情看作是机遇，但是要知道很多机会是不属于你的。你可能会在生活中的一个小角落中发现让自己窃喜的机会，但是这只是一个可能的存在，要想真正地发挥它的能量，或者是让自己在机会面前突出自我，就要学会顺势而为，不要过多强求。

"顺势"不是让你一味地顺其自然，不去努力。而是你在做事情之前要看清形势。尤其是当你看到自己身边存在机遇的时候，更要看清事物发展的形势。这样你才能够分清楚现在的机遇是不是属于你，当你发现所谓的形势和自己盼望的东西不一致的时候，那么你就要考虑眼前的是不是真正属于你的机遇，从而做出更好的选择。

顺应形势的发展，不管做什么事情，你才会感受到轻松和顺利，没有人知道自己身边会有什么样的机会，也没有人知道自己能不能够抓住身边的机会，但是，一旦你意识到机会的到来，那么你就要抓紧时间，不要让时机或者是机遇从身边溜走。但是，不是所有的机会都是值得你去耗费时间的，因为很多选择本来就不属于你，那么你就只能凭借自己的经验或者是多问问自己想要的是什么，从而挑选出自己想要的机会，如果你能够真正地找到属于自己的选择，那么你就相当于成功了一半。

任何事物的发展都有它的规律，不管是怎样的选择，都要顺应事物的发展规律。比如说你的朋友约你去看枫叶，如果是在秋季，那么是个不错的选择，你可以去香山看看枫叶，如果是夏天，那么你可以选择约朋友去看看荷花，这个时节就不要选择去香山了。不同的时节都要有自己适当的选择，要顺应时节，这个也是你应该考虑的因素。

在工作中，需要顺势而为，与领导处理好关系，与客户疏通好关系，生活中我们都不知不觉地在运用着顺势而为的哲学，只是有时候连自己都不知道而已。

顺势而为的好处显而易见，逆势而为的后果惨痛，也是不言自明。古代的大臣，遇到贤明的君王还好，如果遇到昏庸的君王，稍有不慎都可能招致杀身之祸。就算是在汉武帝这样雄才大略的皇帝面前，司马迁不也受尽屈辱？

不管是自然的规律还是事物发展的内在规律，这些规律一旦违背了，那么就不可能会有好的结局。因此，如果你想要实现自己的成功，就不要违背客观的规律，更不要因为违背了客观的规律而让他人对你产生不好的印象。每个人的人生都需要遵循一定的规律，因为只有当你遵循规律、顺势而为的时候，你才能够得到自己想要得到的，实现自己最终能够实现的，成就辉煌，选择一条真正属于自己的人生道路。

顺应形势的发展，对每一个人的生活来讲都是十分重要的，不管是在什么时候，如果你能够顺应形势的发展，最终，你会发现自己的成功就来源于事物的本身规律。逆着事物发展的规律行进，最终你得到的也不会是成功。每个人的生活是不一样的，而要想让自己的生活变得成功，那么最终要实现的就是让自己成为一个顺势而为的人，这一点是毋庸置疑的。

拥有更好选择的秘诀

每个人都希望自己拥有更多的机遇，但是不管是什么样的机遇，你都要明白自己选择的是否是合适的，怎么样的机遇或者说选择才是"恰当"的。那么这就要靠你的双眼来看透事物的发展形势，如果你能够看懂事物的发展形势，那么你也就能够让自己获得更多的机会。相反，如果你无法顺势而为，总是做一些违背自然规律或者是事物发展规律的事情的时候，你最终也不会是成功，你做出的选择也不会是最适合你的人生抉择。

有时，不幸恰恰是一种幸运

上帝为你关闭了一扇门的同时，也会为你打开一扇窗。在生活中，你会看到各种各样的人，他们的故事会像是一部电影，你总是在观看，直到同样的事情发生在你的身上，你可能才会觉得社会的复杂和不幸，但是要知道此时的不幸或许恰恰就是一种幸运。

在很多时候，不幸往往也是一种幸运，在你看来其他人可能是幸运的，但是在你仰望别人的幸运的时候，同样也有人在仰望你。

每个人都不会对自己的人生感觉到完全满意，总在期待着自己得不到的东西，所以才会感觉到人生的不幸运，但是要知道不幸运在很多时候就是一种幸运。所以不要总是觉得自己不幸，不要总是觉得上天对你不公平，尤其是在面临选择的时候，即便这个选择的答案没有自己喜欢的，但是也不要悲哀地认为自己是不幸运的，或许这次的选择就是你下次的幸运。

一个拥有幸福感的人才是真正快乐的人，幸福不是靠幸运来创造的，而是靠一个人的不幸来成就的。当你感觉到世界对你不公平的时候，你如果将它当作是一种考验，那么你会感觉自己的生活充满挑战，从而更加有勇气来战胜这次挑战，最终实现自己的成功抉择。

　　牛丽丽是班里学习成绩最好的，同时，她也是班级里家庭条件最差的学生之一。她利用课余时间在学校的图书馆打工，所有人都觉得她很不幸，虽然有这么好的学习成绩，但是自身的家境不好，然而她却不这么认为，她觉得自己很幸运，虽然自己的家境不好，自己却还能够来上学，这样她感觉就很知足了。后来，在她大学毕业后，义无反顾地回到了自己的家乡，成为了一名老师。而她的大学同学多半都留在了大城市，别人都为她学习成绩优秀却回到了山村感到可惜，但是她不这样认为，她觉得自己只有回到了家乡，才能够帮助家乡的那些贫困的孩子，才能为自己的家乡作更大的贡献。

　　牛丽丽觉得自己很幸运，能够有这么好的机会来让自己发展。通过这个例子可以看出来，在别人眼中的不幸在很多时候就是一种幸运，当你感觉到自己不幸的时候，你可以想一想比自己更加不幸的人，这样你会发现自己也是幸运的。

　　如果你想要做出更好的人生选择，就不要总是抱怨自己的不幸，在生活中，要乐观地对待自己的生活和选择，这样你才会发现，原来自己的生活是那么地与众不同。

我们经常会看到这样的场景，在大学毕业的时候，你会看到大家都有不同的人生规划和选择，选择考研、考公务员、村官或者是参加工作。如果你身边的同学都考上了研究生或者是找到了一份很体面的工作，而你却在一个小公司里就职，别人或许会感觉到你是不幸的，但是你自己明白，自己选择的是自己喜欢的职业，这样一来，你会更加努力工作，最终，成为了公司的高级主管，这个时候你会发现自己是幸运的，因为你在当初没有跟风地去参加考研或者是考公务员。由此可见，别人认为你的不幸运恰好就是你的幸运。

其实，幸运和不幸运在很多时候就是一念之差，在你的思想中，幸运可能会让你产生快乐的情感，而不幸运往往是悲伤的承载者，但是两者绝非这点区别。其实，幸运和不幸运在很多时候都来源于你的思想，你对事物的认识，在很多时候不幸运也可能变成一种幸运，因为每个人的人生中不可能会事事如意，但是，如果你懂得了转化自己的思维，你就不会感觉到的失败，即便是失败了，只要你懂得换个角度看问题，最终你也将会成功。

每个人的人生都是不一样的，在不一样的人生中，你需要对自己的人生有一个好的规划，但是要知道规划就是计划，计划很多时候是赶不上变化的。因此，要想让自己的人生变得更加顺利，就应该让自己的人生得到更好的发展，而你的思想往往能够影响到你的发展，在这个时候，你就要明白其实自己的思想往往能够让自己走出不幸运，让自己的不幸转化为幸运。

什么样的选择才是好的选择？恐怕这个问题很难回答，或者是说不同的人有不同的答案，但是不要轻易地认为自己是不幸的，要乐观地对待自己的选择，乐观地对待自己的人生道路，这样在自己的人生道路上你才会感受到快乐。

拥有更好选择的秘诀

上天是公平的，当你对自己的生活产生不满的时候，不要怀疑自己是否幸运，要懂得人生的规则，从而做出更好的选择，而做出更好的选择的秘诀之一就是要有一颗乐观的心态，将不幸看作是迎接幸运的前奏。

适合自己的才是最好的

什么是最好的选择？最好的选择就是适合你的选择，适合自己的才是最好的，不管在什么时候，你都需要一个适合自己生存和发展的环境，选择也是一样，适合自己的才是最好的。

梅花适合在寒冷的冬季开花，如果你心疼它，非要将它放在温室中，那么你是看不到鲜艳的花瓣，也闻不到芳香的气息的。人也是一样，不管是你的地位如何还是你有多高的收入，如果你的工作或者是你的生活方式不是你喜欢的，或者说不是适合你的，那么你也不会感觉到开心和幸福。选择也是如此，即便你选择了那个别人看来是很幸福的道路，而你并不喜欢这条道路，最终你也不会觉得这是一个好的选择，更不会因为这样的选择而感觉到开心和快乐。

适合你的才是最好的，不管在什么时候，适合你的才是最重要的。就拿一个学生来讲，如果他喜欢绘画，而作为父母，为了实现自己的梦想，非要让自己的孩子学习唱歌或者是跳舞，那么这样必然不适合自己的孩子，同样孩子也不会喜欢父母的选择，必然会有叛逆的心理。这样的选择必然是不适合的选择，最终也不会达到什么好的效果。

李花童就是一个典型的例子，他的父母都是老师，所以也希望自己的孩子大学的时候进入一个师范类的学校，从而成为一名师范教师，但是李花童并不想当老师，他希望自己能够成为一个IT精英。最终，他进入了一所师范学校，但在大学二年级的时候偷偷退学了，然后自学电脑软件开发，现在，他已经是一家大型电子产品开发公司的一名高级主管了。

虽然这个事例很个例，但是从这个例子上我们能够看到，适合的才是最好的选择，而不适合的选择，即便你觉得再好，也不会发挥作用的。就拿这个例子来讲，即便父母认为当老师是一个比较稳定的工作，但是李花童却不喜欢，即便他当老师，也不会开心。

适合的才是最好的，不要为了体面或者是面子工程而选择不适合自己的，要知道适合别人审美眼光的不一定是适合自己的，俗话说得好，鞋子适合不适合只有脚知道。就拿现在年轻人谈恋爱来讲，即便很多时候你的父母和朋友都觉得你们很适合，但是你自己却觉得不合适，这个时候不要为了面子工程而轻易做出选择。

刘佳佳大学毕业后，父母就逼着她去相亲，于是认识了一个比自己大两岁的男生，男生是国家的公务员，人长得也不错，但是刘佳佳和他在一起的时候，总没有感觉，总觉得这个人和自己在很多方面都不相投。比如说，自己喜欢闲着没事的时候看看书上上网，而他喜欢和朋友们在一起聚会喝酒。自己喜欢看电影，而他宁可将看电影的时间来研究人际关系，刘佳佳觉得两个人的差距很大，没有任何的共同语言。而自己的父母和朋友都觉得这个男生不错，和自己很般配。

最后，刘佳佳在和他相处了一年后结婚了，结婚之后的生活并没有让她感受到快乐。不到一年的时间，两个人就开始吵架，三天一大吵两天一小吵，吵架成了家常便饭，两年后两个人还是以离婚收场。

适不适合只有自己知道，所以不要让他人的思想和观点而影响到你的选择，不要为了别人而做出选择，要知道自己的选择很多时候只有自己知道，一个好的选择是会让自己感受到开心和幸福的选择，而不是让自己感觉到有面子的选择。

有的时候，你或许会认为别人拥有的才是最好的，而自己拥有的东西往往是不好的，其实不然，因为你总是感觉到别人的东西是最好的，这样一来，你必然会失去很多的快乐。在我们的生活中，我们需要的就是快乐的生活，而很多时候适合自己的生活才会感受到快乐。

不管是什么样的人生，我们需要的都是"适合"自己。如果你适合做外交官，那么你就适合经常飞行的生活，在与别人的交际中你也能够随心所欲，应对自如；如果你适合当作家，那么你就适合在家中写写画画，让自己的生活充满文字和书籍；如果你适合当一个商人，那么你就适合在金钱与交易中度过自己的人生，让自己的人生变得充满刺激。所以说寻找适合自己的生活，远远比羡慕别人辉煌的生活来得更实际，在你的人生中，你所希望得到的往往是一种奢望，但是更应该知道的是只要你觉得适合你自己，那么这种奢望未必不会给你带来希望，你也未必不会得到这些东西。

记住，什么样的花朵散发出什么样的芬芳，你不要强求自己的生活像牡丹花一样富贵，更不要强求自己的生活像兰花一样高尚，只要觉得适合自己就好，适合自己的人生才是快乐的人生，适合自己的生活才会是幸福的生活，适合自己的经历才会是值得留恋的经历。因此，寻找到适合自己的，才会是你真心需要的生活和人生抉择。

选择适合自己的并不是一件容易的事情，因为在很多时候，你并不知道什么样的选择是适合自己的，因为在很多时候，你会跟随别人的意愿来选择自己的生活，别人的意愿或者是建议，在很多时候往往会主宰你的思维。所以要明白自己到底适合什么样的选择，这样你才会发现自己的选择才是适合自己的。

拥有更好选择的秘诀

什么花朵适合在寒冷的气候开放，什么花朵喜欢在温暖的夏季绽放，适合它们生长的环境才是最好的环境。不要因为你喜欢寒冷的冬季，就必须要求荷花在冬季开放，更不要因为你喜欢温暖的阳光就要求梅花在夏季绽放。每个人都有每个人的喜好，要让自己的选择适合自己，适合自己的才是最好的选择，也才是最能够展现自己的选择。

凡事忍耐，面对选择要三思

先思考你想要的，然后再作出行动，这是一个过程，也是做事情的一般步骤。不管你做什么事情，都要学会忍耐，忍耐时间的残忍飞逝，忍耐他人无情的伤害，忍耐一切事物对你无形的挫伤，最终用自己的智慧，做出适合自己的选择，这样你才会发现自己的生活中充满了意义，也只有这样你才能够发现自己的生活是多么的美好，自己的选择也将是最好的选择。

做事情不要不经过大脑，这是我们经常会听到的一句话，不管你想要达到怎么样的目的，不管你想要做什么事情，都要经过自己的大脑，做任何事情都要经过自己的缜密思维之后再做出选择，这样你会发现自己的选择才是正确的。

不管是对待大事情还是小事情，都要认真，只有认真的心态才不会让你失去自己的规划，凡事忍耐，这样你才能够坚持到底。

学会忍耐，尤其是在小事情上一定要忍耐，忍受别人不能忍受的，你才能够得到大智慧。尤其是要管好自己的情绪，不要让自己的情绪坏了大事。在生活中我们经常会看到有的人因为脾气不好而影响到自己的成功。

赵楠楠在大学毕业后想要留在学校发展，当然要想留在学校并不是一件简单的事情，毕竟竞争的人很多，还都是自己的同届学生，要经过三次评选才能够决定，在前两次的测试中，她都是前几名，但是在第三次的测试中，因为她和另一个同学吵架，没有被选上。最终，她失去了这次留校的机会。

不管在什么时候，都要有自己的智慧，规划很重要。同样地，计划也是十分重要的，做事情要有计划性。当你计划好自己做事情的第一步、第二步，那么你会发现自己的定位或者是自己的抉择才是更加顺畅的。

记得看过一个古代的故事，男主角是国王其中一个儿子，当然国王往往会有很多的子女，而王位只有一个，每个儿子都想要坐上王位，男主角也不例外，他希望自己能够成为王位的继承人。于是，他每天都在想自己怎样做才能够讨自己的父亲欢心。可以说只要是自己父亲喜欢的东西，他都会竭尽全力去得到，然后献给自己的父亲。

记得一次，他的父亲想要去灾区体察民情，但是因为身体不适，没有办法前往，于是他就提出去灾区看望百姓，国王答应了。在灾区没有人知道他是王子。不料，自己的属下和百姓发生了冲突，最终，他为了面子竟然将两个百姓处死。这件事情不久就传到了国王的耳朵中。虽然他是国王的儿子，但是还是被关进了监狱，最终失去了成为国王的机会。

这个故事告诉我们，不要因为一时的冲动而破坏了自己的最终选择。如果男主角不这么冲动，或许他也不会被关进监狱，更加不会失去得到王位的机会。所以说，不管做什么事情，都要学会忍耐。

要知道忍字头上一把刀，当你在忍耐的时候，心中必然会有痛苦和难耐。每个人的人生都需要有一个忍耐的阶段，忍耐寂寞，忍耐失败，忍耐痛苦。当你经历了这么多的忍耐之后，你迎来的将会是希望。每个人的人生都是不一样的，但是不管是什么样的人生，都需要三思而后行。

在你无法忍耐生活中的痛苦的时候，你可以选择让自己得到发泄的方式，比如说参加一些运动，慢跑、游泳等等，这些方式都会让你寻找到快乐，都能够让你的内心得到放松。因此，要学会放松自己的心情，学会让自己保持一个良好的心态，这样即便是你的生活中出现了困境，那么你也能够坚持下去，在困境面前不低头。如果你懂得了忍耐，那么最终你的人生就是最好的见证，你的人生抉择也一定是适合你的。

拥有更好选择的秘诀

每个人都有自己的选择，尤其是遇到自己的人生抉择的时候，都会做出选择，但是做出的选择是不是最好的，那就不一定了。在做出选择的过程中可能会遇到各种各样的阻碍因素，比如说情绪，你要学会忍耐，忍耐一时的不顺利，这样你才能够最终实现自己的成功，如果你总是在小事情面前失去阵脚，那么怎么可能会做出更好的选择呢？

顺应时间，欲速则不达

现在的社会是一个讲究效率的社会，很多人都会说效率就是金钱，时间就是金钱。你肯定也听说过，某某企业家是怎么果断做出决定的，但是在这里我们要了解一个事实，那就是快不一定就是效率，速度不一定会创造出效率。也就是说在你做出决定的时候，快速不一定能够做出更好的决定，你想要实现的人生抉择，也不一定是速度能够实现的。

俗话说得好"着急吃不了热豆腐"，在做很多事情的时候是急不得的，相反，着急往往会让结果背道而驰。就像是洗萝卜，洗得快，就很难将萝卜上的泥土洗净。做事情也是如此，在你做出选择的时候，过于着急，那么你就很难看清事实，然后做出的抉择往往是盲目的，最终的结果也不尽如人意。所以说很多时候效率不只是讲究速度，也讲究效果。

在你做决定之前一定要明白自己想要达到的是什么效果，不要急于求成，更不要急于求胜，要知道着急办成的事情不一定能够办成，相反往往会失败。做决定也是如此，如果你希望自己的决定能够适合自己，那么你就要学会让自己的决定成功。

能够静下心来，认真地做一件事情不是一件容易的事情。我们做事情，不应该仅仅讲求快速，更重要的是走好脚下的每一步，只有当你踏踏实实地走好脚下的每一步的时候，你才会感知到自己的成功。当然，在我们的生活中没有任何成功是轻而易举就能达到。而且，这又是个细节决定命运的时代，粗心急躁也很难成功，所以要学会从细节出发，让自己的细节成就自己的梦想，让自己在细节处找到自己存在的价值，同时，在脚踏实地中找到自己发展的机会，寻求到属于自己的成功。所以，作为一个有理想有抱负的人，想在自己短短的时光中有所成就，往往是不可能的事情，因此不要着急实现自己的梦想，要走好脚下的每一步。

走哪条道路是你自己决定的，所以说不管是哪条道路，都会充满坎坷，如果你着急，加快了自己的步伐，那么很可能看不清脚下的坑洼，最后失去前进的动力，所以说，不管是在什么时候，不要只是讲究自己脚下的道路，更应该讲究自己怎样走好脚下的路。

要想达到一定的效果，就要知道自己内心所想，不管你做出什么决定，都要知道自己想要的是什么，在你的人生道路上，很多时候你需要的是时间，而不是速度，时间在很多时候是更加重要的，时间会变得更快。当你做出选择之后，你需要时间来帮你实现自己的选择，从而达到一定的效果，时间往往是很好的催化剂，催化你的选择变成好的结果。所以说要想做出更好的选择，就要学会让时间来证明一切，最终让自己的选择达到一定的效果。

孙安娜在大学毕业后，选择了回到自己家乡所在的县城，开始是父母给她找的一份工作，月收入也就一千多元，但是她的工作很稳定。在那个单位工作了半年的时间，她决定辞职，然后自己创业，朋友劝她不要急于创业，最好还是先积累经验，了解市场，然后再做决定，但是她却急于成功，于是向自己的朋友借款开了一家健身中心，因为她没有经验，再加上县城的消费水平没有那么高，她的健身中心，从开业就一直生意不好，最终不得不关门大吉。

通过孙安娜的事例可以看出，想要成功，不能光追求速度，要先积累经验，然后了解市场，最终再做出选择，这样才能够实现自己的最终目标，也才能够做出最适合自己的选择。不要因为想要快速地实现自己的目标而选择不适合的行业，最终让自己的决定变为泡沫。

每件事情的发展都是有它的规律的，即便你再着急也是无法实现的，所以说不要急于求成，要顺从事情发展的规律，从而顺应这种规律的变化，最终实现自己的成功。当你做出选择之后，就要按部就班地去努力，不要急于求成想尽办法走捷径，要知道很多事情是没有捷径可走的。

刘玉玉大学毕业后，参加了国家公务员考试，最终她正式成为了一名国家公务员。她知道自己的事业是一个漫长的过程，没什么捷径可走，即便是要走捷径，也是很难的。于是，她只能按部就班，慢慢地找到自己的发展。

在后来的工作中，她很踏实，工作上也很有能力，肯吃苦，这些都被领导看在眼里，最终她得到了提拔。

在我们的生活中或者是工作中，即便是你做出选择了，也没有必要急于求成，因为很多事情是要靠时间来成全的，不是你想要加快步伐就能够实现的。所以说，当你着急完成一件事情的时候，就要告诉自己不是自己想要完成就能够完成的，要学会平和地面对眼前的事情，这样你会发现你的选择是最好的。

人生路漫漫，在不同的人生阶段，或许你想要得到很多的东西，但是不管在什么时候，你都要明白自己存在的价值。同时，你想要实现自己的成功，或者说要想做到不急功近利，那么就要保持良好的心态，尤其是要学会让自己变得从容淡定，只有自己能够从容淡定，那么最终才会实现自己的快乐。

当你发现你的身边充斥着浮躁的气息的时候，你就要告诉自己不要着急。在自己的生活中我们需要尽量避免急功近利，要知道着急完成一件事情必然会出现漏洞，这样的漏洞会影响到你最后的成功，所以说不管在什么时候，都要记住欲速则不达的道理，只有让自己走好脚下的每一步，你才能够真正地实现自己的成功。

每片树叶都有它凋零的时间，当你不喜欢它的时候不要着急将它摘下来，扔在地上，因为很可能当你摘下来的同时，大树也会受到影响。同样地，你的目标的实现，也是需要时间的，不要着急地去完成，因为时间往往是一种良药，如果你不信赖这种良药，着急地去实现，那么最终你会发现，你只是在做无用功，这就是欲速则不达。

拥有更好选择的秘诀

量力而行，顺时而为之。做事情要结合自己的真实情况而做，这句话虽然听起来很"老套"，但是这是事实，在这个时候你要知道自己想要做的是什么，不要单纯地以为只要自己想要完成就能够完成。尊重时间，尊重事物的发展规律，或许你会发现自己的决定是最好的，自己的目标也是最容易实现的。

难得糊涂，凡事不必太较真儿

"人生难得糊涂"。很多时候，一个什么都很清楚的人，往往是很累的，如果你看透了人世间的一切，那么你会感觉到生活很无聊甚至失去了生活的乐趣，所以说人该糊涂的时候就应该糊涂，做事情不必太较真儿，斤斤计较往往会让你感觉到生活很累。

做事情不必太较真儿，这句话不是说对待自己的人生抉择不负责任或者是不认真，而是要告诉你，没有必要让自己的眼光停留在一件小事上，不要让一点点的小事情而影响了你的选择，要敢于选择，让自己的选择变得更加广阔。要知道有的时候正是因为自己过于斤斤计较才会让你感觉到人生抉择的复杂和困难。

"做一个快乐的糊涂虫。"一个大学生在讲到自己的人生志向的时候这样说。当时老师不知道他的话语的真实含义，还以为他毫无远大的目标，在课堂上还鄙视他没有志向，但是十年过去了，他成为了一名身价过亿的商人。在同学聚会的时候，那位老师也参加了，他的老师又一次提出当年的问题，他的回答还是"要做一个快乐的糊涂虫"，他希望自己的生活是快乐的，只有在生活中变得糊涂点，才能够感觉到快乐，如果你对生活中的每个人或者是每件事情都斤斤计较，那么你的人生抉择往往会因为这些小事而变得毫无价值，所以说不要因为一点点的小事情，而影响到自己的抉择，更不要因为自己的一点点想法而让自己的选择变得一文不值。

难得糊涂，要知道在很多时候，如果你看清了太在意这件事情反而对你没有好处，考虑过多也会影响选择，也就是说当你考虑过多的时候，还不如什么也不考虑直接做出选择。所以说不要将自己的眼光停留在一件小事情上，要放远目光，这样你才能够做出更好的选择。

做事情不要太较真儿，太较真儿的话往往会让你感觉到生活很累，不管是大事还是小事都会分散你的注意力，这样一来，你会发现自己的注意力往往是不够用的。尤其是在做选择的时候，你会发现自己无从下手，因为你不知道自己该如何选择，你的思想全被小事情阻挠着，最终你的选择也会受到影响。

对事情不较真儿，或者是"装"糊涂，不是对自己的选择不负责。负责任其实是有两层含义的，负责是认真的代名词，在很多时候人们都会说一个认真的人往往是对自己的生活或者是工作负责；同样负责也是一个概念性或者是说长远性的代名词，你从长远或者是全局出发，你也是对自己负责。如果在选择的时候你总是斤斤计较，那么你最终是不会选择成功的。

很多时候你没有必要和自己过不去，有的时候你需要十分谨慎认真，但是在很多时候你需要的是让自己糊涂一点，糊涂并不是让你不认真对待自己的理想，更不是让你在人生抉择中糊涂地选择，而是让你知道很多时候较真儿往往会给自己带来不必要的负累。也会给对方带来不必要的伤害，如果你不想伤害别人，那么你没有必要跟别人较真儿，尤其是遇到一些小事情，无关紧要的事情，更没有必要跟自己较真儿，要知道一个人的精力是有限的，如果你将自己的精力都放在一些小事情上，那么你会发现自己是在舍本逐末。这样不仅仅对你的成功没有帮助，并且对你的人生抉择也不会有很好的促进。

每个人都应该在该糊涂的时候糊涂，该认真的时候认真，这就是一种人生态度，这种人生态度往往能够让你节约自己的能量，让自己的精力得到缓和，最终将自己的精力放在重要的事情上，只有这样，你才能够实现自己的进步和发展，在人生抉择中，你才能够让自己找到属于自己的人生道路。

恰到好处的糊涂，也是一种幸福和享受。比如说当你看到别人占了便宜的时候，当你感觉到自己吃了亏的时候，在小事情上你可以假装糊涂，让事情都过去，这样不仅仅有利于缓和彼此之间的关系，更重要的是你也没有什么大的损失，最终你将会得到更多成功的机会，得到自己想要得到的一切，每个人的人生都需要不断地进步，但是，如果你跟自己较真儿，将自己的思想放在小事情上，那么你会发现自己眼前的事情已经应接不暇，因为自己已经没有精力去做过多的事情。

你对这件事情这么较真儿，到底值不值得，在很多时候你的较真儿换来的就是被别人小看，当你对某一件小事斤斤计较的时候，别人会觉得你这个人很小气，最终可能会疏远你。当你在做决定的时候，你总是对小事情耿耿于怀，那么你会把握不住事情的发展方向，最终你会因为这些小事情而耽误了自己的最终选择结果，选择不好自己的人生道路。

拥有更好选择的秘诀

做一个糊涂虫不一定是坏事情，很多时候没必要将一些小事情放在心上，更没有必要斤斤计较，要知道这些小事情不但不会帮助你选择，很多时候，这些小事情往往会阻碍你的选择，所以说不要对选择面前的小事情斤斤计较。要学会抓住事物发展的重点，最终让自己的思维更加广阔，做出更好的人生抉择。

在选择中总结，在选择中收获

人们在所行的路上要记住自己走过的路，记录下路上美丽的风景和岔路口的标记，这样等你走过这段路之后，反过来想一想，你会发现原来自己拥有过那么多的美好，原来自己也曾经拥有过这么美好的瞬间，原来自己也曾经历过岔路的困惑。最终，你会收获更多的喜悦，发现更美丽的风景。

不要质疑自己眼前的困惑，要勇敢地用自己的经验或者是自己获得的知识去解决。在你的一生中，没有什么事情是值得或者是不值得的，要学会从自己走过的路中收集美丽花朵的种子，在自己走过的路上，播种下这些种子，从而让自己的人生道路绽放出美丽的花朵，这样你才会发现自己的人生原来是这样地灿烂和美丽。

总结那些逝去的美好，是为了将来的风景更加地美丽。所以说不管你走过的路是怎么样的，都要学会总结，即便你走过的路十分坎坷，也要大胆地总结，去回想曾经的痛苦是为了以后的道路不再曲折。如果你不肯回忆，不想总结和回望，那么在将来的道路上或许你还会遇到同样的挫折，最终留下同样的遗憾，经受同样的痛苦。所以要善于总结，总结以往的教训，将教训变成经验，最终实现自己的成长，最终实现自己新的选择，收获新的幸福。

人生每经历一个阶段，都有必要总结一下自己的过失，要知道在不同的阶段都是要经历不同的事情的，即便你做出了人生的选择，但是要知道这个时候你要经历的或许和以前的完全不一样，而你没有更好的办法，除了自己的经验可以帮助你之外，而你的经验是靠总结才能够得出来的。如果你没有总结以往教训的习惯，那么你可能在新的选择面前手足无措。由此可见，要想有新的收获，就要学会总结自己以往的收获和遗憾，这也是做出更好的选择的条件之一。

杨思思从小的志向就是能成为一名商人，她高中毕业后，没有上大学，而是选择打工，在外打工的两年时间里，她积攒了3万块钱，随后用自己的3万元在县里开了一家小饭馆，开始自己的小饭馆还算可以，生意也不错，但是渐渐地，她发现饭馆的人越来越少，最终不得不面临关门的危险。随后，杨思思开始思考为什么自己的饭馆招揽不来生意。她也看了县城里其他的饭店和饭馆。最终发现，是自己饭店的装修或者是表面的卫生不够好。

于是，她决定将自己的店面进行装修，然后给店里的服务人员配上统一的服装，最终，通过她的努力，自己的饭馆又重新经营下来了，现在，杨思思在县城里已经有了两个店面，生意十分红火。

通过这个小案例可以看出，杨思思之所以能够成功，是因为她善于总结经验和教训，这样在总结中不断地改善自己的行为，最终才能够让自己的生意变得更好。总结是一个人成长的必要条件，如果你不善于总结，那么你会错过很多让自己做出好的选择的机会，也会失去很多成功的机会，要知道在人生的道路上，一个人的经验或者说阅历是十分重要的，经验往往会帮助一个人成就新的辉煌，获得更多的成功。

人生每个阶段都需要我们去认真地总结，要知道一个人只有总结了这个阶段的成功与失败，才能够保证自己有进步。即便你在这个阶段是成功的，你也应该明白，自己或许可以做得更好，只是自己忽略了什么，因此在这个时候如果你总结出来了自己忽略的问题，那么在以后的工作或者是生活中，就会让自己更加注意，最终也就能够实现自己的进步。每个人的人生都是不一样的，但是要知道在不一样的人生中，你需要的不仅仅是进步，更多的是让自己找到属于自己的成功的技巧。往往成功的技巧就来自于以往的实践，因此，善于总结，往往会让你变得更加强大，让你的成功变得更加简单。

当然总结自己的人生，也是在不断地进步。在总结的过程中，你也能够学到不少的东西，每个人所经历的事情都是不一样的，在你经历过不一样之后，你是否会从不一样的人生经历中，找到属于自己的人生经验呢？是否能够通过自己的人生经历来塑造自己更美好的明天呢？这些都需要你去总结过去，让自己的过去发挥更大的价值和作用，让自己在过去经历中得到新的成长，最终你会发现自己的人生道路已经少了很多的坎坷，自己也从中得到了很大的进步。

每个人都希望自己能够收获很多，在不同的人生阶段，你要学会从收获中总结。当然你新的收获也来源于你新的选择，所以说大胆地做出自己的人生抉择，在抉择中收获自己的自信和平和，让自己的心态变得更加平衡，让自己的内心注入新的力量，最终，找到更加适合自己的人生道路，让自己的生活变得更加丰富多彩。

拥有经验就要学会总结，曾经一名科学家说过，人生就是一道数学题，它的答案只有一个，但是解题方法却有很多种，只是看你选择走哪条路来解决，虽然每个解决方法都不同，但是在解题思路上也是有相同之处的，所以说每个人和每个人的人生都是不一样的，但是也是有相同或者是共通之处的，在你的人生中，或者说当你不知道怎么去选择和抉择的时候，你可以大胆去参照或者是总结其他人的人生经验，最终从别人的经验中汲取营养，寻找到适合自己的道路，这也是可行的。在你发现自己的人生是可以走通的时候，你会发现总结经验就是在收获希望，选择更好的。

拥有更好选择的秘诀

　　或许你曾经失败过，或许你曾经成功过，但是，那些都是过去的事情或者说也不全是过去的事情，因为它们依然有价值存在，而它们的价值就要靠你的总结来体现。如果你能够总结过去的失败和成功，那么你会发现它们很有价值，当你做出新的选择的时候，它们依然能够发挥力量，最终你会发现自己的选择其实也就是过去失败和成功的再一次收获。

本章小结

　　人们难免流于浮躁，而你不应该变得浮躁，因为你有你的人生道路，那么怎样的选择才能让你归于平静，最终让你选择出属于自己的人生道路，在人生抉择面前变得更加得心应手呢？

　　当然方法有很多，但是你必须要注意的就是本章所提到的这几个方面。首先，要学着摆脱诱惑，不要让眼前的诱惑控制了你的思想，要学会放眼最后的美丽和辉煌。更不要逆势而为，要找到事情发展的规律，学会顺势而为。其次，就是不要总是抱怨，要知道抱怨在很多时候是起不到任何作用的，自己的幸运或许就是通过不幸来体现的，要乐观地对待一切。当然，适合自己的才是最好的，在别人看来适合的不一定是最好的，要知道自己适合什么样的。再者，不要急于求成，要顺其自然。最后不要事事都较真儿，该糊涂的时候要试着糊涂一下，这样你会过得轻松点。当然在自己曾经的人生中要学会总结，总结过去的，收获未来的，这样你会发现自己的选择会更好。

第五章　拣选意气相投的合适人选

　　不管是什么样的关系，两个人在一起如果不能够心平气和地说话，那么终归不会顺利地去办事情。在你做出选择之前，这些事情都是你需要考虑的，如果你能够找到适合自己的选择，那么最终你就会让自己的人生变得更加精彩。

选择的考验不是有意刁难

人生中会出现大大小小的考验，每个考验都会是一个人的一个坎儿，如果你能够走过这个坎儿，那么你就是一种成功，不管结果如何，就像是竹子，每长一节都是一个坎儿，都要面临着生长的痛苦。你在人生中会遇到各种各样的考验，人生抉择也是其中一种，但是当你面对考验的时候千万不要当作是一种刁难。

"人何必要刁难人"，当你感觉到自己的选择或者是在自己选择的时候受到不公平待遇的时候，你就可以想想这句话，因为在很多时候，你所感觉到的不公平就是一种公平，而你却将其看作是一种恶意的刁难，每个人都想要得到自己想要的，你的选择就是为了成全你的思想，让你得到你想要的东西，但是，如果你得不到你想要的选择，或许你就会觉得这是一种刁难，要切记选择的考验不是有意的刁难。

人生就是一个过程，在这个过程中，你需要经历一些磨难，只有经历了这些磨难你才会享受到快乐的滋味，才会明白幸福的意义，当然，如果你无法正确地面对自己的内心世界，那么最终你也无法实现自己的成功，在人生的每个阶段，你要实现的是自己的理想，每个人的理想都是不一样的，所以说在你为了自己的理想奋斗的时候，就更应认识到自己存在的价值。不要认为选择对你的考验是一种恶意的刁难，没有人会刁难你，学会摆正自己的心态，让自己的人生变得更加精彩。

很多时候你会认为别人让你做出选择是在刁难你，但是反过来想一想，如果你面对同样需要别人选择的情况，你会不会"刁难"别人。所以说不要将别人的考验当作是一种恶意的刁难，反而你应该感激别人，因为有了其他人的"刁难"，你才能够得到更大的锻炼，你的选择才会变得更加适合你的发展，最终你会发现自己可以面对的事情还有很多，自己的潜力也很大。

选择的考验对一个人往往很重要，如果你能够意识到这只是一种考验，是对你人生的一种磨砺的时候，你会发现这是一种进步，从而也就不会将自己的进步当作是一种刁难。每个人都希望自己能够有一个好的成长，这就需要你能够正确地认识事物，从而解决问题，这就是你做好选择的关键因素之一。

很多人在做事情的时候，只要是面对自己不擅长或者是不想做的事情都会觉得是一种刁难，都会认为别人是在有意刁难自己，这样一来在做什么事情的时候都不会充满动力。所以说不要将自己不喜欢做的事情认为是刁难，要当成是一种锻炼，这样你才会选择成功，从而提高自己。

李思南是一家公司的业务经理，记得在自己刚刚干销售的时候内心是很不平衡的，因为他对这份工作是有抗拒心理的，做什么事情都觉得是被逼迫的，尤其是在出差的时候都会觉得内心很沉重，甚至觉得没有必要出差，而经理却要求自己出差，就是在故意刁难自己。但是他在一次和客户交谈中发现自己可以学到很多的东西，认识到出差其实就是在锻炼自己的处世能力，渐渐地他喜欢上了自己的工作，最终成为了公司的销售主干。

如果你将选择对你的考验当作是一种刁难，那么最终你是找不到选择的快乐的，在每个人的人生中，你需要的就是认真地对待自己，认真地对待自己身边的人，当然，你更应该认真地对待你人生中的选择。每个人都会面临不同的选择，在每一种选择的同时，更应该让自己明白，这些并不是在恶意地刁难自己，在人生的每个阶段都需要去选择，选择适合自己的人生道路。

如果你不能够正确地面对自己的人生抉择，那么最终你也无法实现自己的梦想，要知道，一个人的心态往往是十分重要的，在每个人的一生中，要想让自己拥有更好的人生选择，就要摆正自己的心态，让自己的心态帮助自己实现更好的人生抉择。同样地，在人生抉择中势必会遇到一些困难或者是遇到一些麻烦，这个时候不要认为这是命运在恶意地刁难你，要知道这仅仅是对你的正当的考验。在每个人的选择中都会遇到这样的考验，不要将它看作是一种刁难，要知道没有人会刁难你，命运更不会刁难你，如果你明白了正确地去选择，那么最终就能够实现自己的理想，实现自己的成功。

人生就是一道选择题，在这个题目中包含着很多的分题。你要完成好每个选择，才能够实现人生的升级，在你做题的过程中，你要选择出自己想要的结果，而每一个选择就是一次考验，如果你能够认识到这一点，那么你就会欣然地接受这个结果，最终实现自己的成功选择。

拥有更好选择的秘诀

"不要恶意刁难我"，在选择的面前，你可能会经常将这句话挂在嘴边。但这是不是一种刁难，或许只有你事后才会明白。要知道在很多时候，对方不会刁难你，而是你自己在刁难自己，因为选择就是一种历练，如果你能够将选择看作是一种考验，那么你就会觉得人生就应该这样充满考验，这样才能够让自己过得更加充实，这样你才会做出更好的选择。

他真的是你的另一半吗

爱情是什么？爱情到底是什么味道？或许有的人说爱情就是一种感觉，让你感觉到满足和失望，让你感觉到幸福和悲伤，让你感觉到华丽和荒凉。有的人说爱情和婚姻是截然不同的两个阶段，你的爱人不一定是你结婚的对象，同样地，你的婚姻也不一定是你爱情的产物。

选择自己的另一半往往是人生中的大事，是涉及一个人人生变化的关键，因此在选择你的另一半的时候，你要更加认真和加倍地思考，要多问几遍，那个人是不是适合做自己的另一半。

想着一个人的另一半应该是什么样的人，在自己终老的时候，要能够陪在自己身边的人。"在人前从来不浪漫，在心中总是为对方打算"，或许这样的人应该是你的另一半，不要为了面子，选择表面的浪漫和华丽，而自己的幸福或许只有自己知道。要知道你的另一半要是一个能够陪你终老，照顾你的余生的人。

他是不是你的另一半，怎样才能够选择出自己的另一半？在生活中，你要明白自己的性格，或者是了解自己想要找到一个什么样的人做自己的另一半，从自己的实际出发，最终找到自己的另一半，让自己变得更加的幸福。

了解自己的性格只是一个方面，同时两个人如果真的走到了一起，那么你们还要能够容忍对方的习惯。如果你能够容忍对方的习惯，那么你选择这样的人往往能够减少彼此之间的矛盾，因此在交际的时候，要善于认识对方，从而了解对方的习惯，选择一个真正适合自己的人。

找一个适合自己的人往往比找一个爱自己的人更加重要，爱情和婚姻是两件事情，没有爱情的婚姻是不幸福的，人们常常会说没有爱情的婚姻往往是不会长久的，但是爱情的终点应该是亲情，当你和你选择的另一半之间存在爱情的时候，你或许会选择婚姻，如果你们进入婚姻的殿堂之后，能够将爱情转化成亲情，那么你们的婚姻才会变得牢固。所以说选择自己的另一半，不仅仅是在选择爱情，也是在选择自己的亲情，如果你选择正确了，那么你会拥有长久的婚姻。

当然，在生活中我们经常会看到这样的人，表面上看着两个人十分般配，双方的父母也是十分希望两个孩子成为夫妻，所有的朋友也希望两个人走到一起，而两个人心中明白，对方不适合自己。但是为了面子或者说是为了自己的父母，他们选择走在一起，选择了婚姻，这种选择就是为了满足自己的虚荣心或者是满足父母的愿望，两个人在一起绝非幸福。这样的选择往往是对自己的不负责，也是对对方的不负责。

现在的电视节目很多都是解决家庭纠纷的节目。

记得有这样一件事情，女孩想要找到一个家世好点的男生，她的父母也希望她能够找到一个让自己女儿幸福的人。经过别人的介绍，女孩认识了一个姓王的高才生，男生大学毕业后在一家外企工作，靠着自己的努力已经在这座城市里买了车、买了房，虽然男孩是外地人，但是他已经在这个城市中扎下了根。

女孩正式和这个男孩开始交往，男孩和女孩之间多半的感情是朋友，但是女孩的父母觉得男孩人还可以，事业也很有前途，于是很希望自己的女儿能够和男孩结婚。

两个人交往了半年的时间，也开始谈婚论嫁，这个时候男孩提出了一个要求，就是在结婚前要签订婚前协议，就是以后如果两个人离婚，男孩的房子还属于男孩，女孩当时很生气，但是还是答应了，毕竟自己的父母和亲戚朋友都知道自己找了一个有才有钱的男朋友。紧接着男孩又要求婚前体检，在体检之后发现女孩不能够生育。在男孩知道这个消息之后，当时就提出了要取消婚约，他接受不了自己的妻子不能怀孕。

就这样两个人成为了陌路，女孩的父母很生气，觉得男孩太不负责，但是也无话可说。

一个人的另一半不是面子工程，不要在选择自己的另一半的时候，只考虑到面子，不考虑两个人是否适合，是否拥有感情，所以说当你选择你的另一半的时候，一定要做出正确的选择。

他真的是你需要的另一半吗？如果你在寻找你的另一半，那么你最应该看重的是什么，在现在这个浮躁的社会中，你或许看重的是对方的地位，甚至有的人会看重对方的经济条件，不管你看重对方什么，别人是没有资格来谴责你的，原因很简单，你所经历的往往要对自己负责，即便你想要拥有不一样的人生，那么你也应该学会对自己负责，要知道这些都是你的选择，不管你以后的生活过得幸福还是不幸福，这些都是你自己的事情，应该学会为自己负责，要知道如果你不能为自己负责，那么最终你的成功也将不会是一种成功，每个人的人生其实是不一样的，在一个人的人生中，你需要的是让自己学会寻找属于自己的幸福。要想寻找到属于自己的幸福，或许最重要的就是找一个人品上乘的人。看对方一定要看重对方的人品，当你能够看重对方人品的时候，那么你必然会实现自己的幸福。

你需要的是一个真心关心你、真心爱护你的人，而不是一个只会花言巧语、只会拿金钱搪塞你的人，在人生中，你需要的是一个能够陪伴你度过一生的人，而不是一个只是为了自己的幸福而自私自利的人。所以说看重一个人的真实内心世界往往要比看重对方的外表重要得多。在一个人的人生中，你需要的是什么？当然，在你的人生中，你必然会需要一种爱，那就是爱人对你的关怀，而你想要让自己拥有这种爱，那么就要学会珍惜生命中真心爱你的人，真心在意你的人。

生活说简单也简单，说复杂也复杂，但是不管在多么简单的人生中，或者是多么复杂的人生中，我们需要的就是让自己变得开心，每个人的人生都需要这份开心，当然在每个人的人生中，我们需要的也是这份开心。人生的每个阶段，你都要对自己的选择负责，尤其是当你面临自己的终身幸福的抉择的时候，更要懂得为自己负责。

他是不是你的另一半？或许你也不知道，但是你应该知道你希望你的另一半能够做到怎样，或者说你应该明白自己适合和什么样的人生活在一起，了解了自己的性格，或许这个时候，你才能够做出更好的选择。

拥有更好选择的秘诀

每个人内心都会有自己另一半的模样和特点，所以你会朝着这个方向或者说是目标而努力，但是不管是在什么时候，你都不要忘记找到真正与自己适配的那个人，这样一来，你会发现自己所要的另一半往往是需要自己认真去选择的。

工作中的双项选择

每个上司都希望自己的员工或者是下属能够有很强的工作能力，于是他们会想尽办法来考验自己的下属有什么能力，擅长什么，这样一来，他们就能够抓住每个人的特长，最终创造更大的价值，而这个时候你也不要忘记培养与上司的和谐关系。

人生就像是一张试卷，每道题都是一个测试，当你做题的时候，你就是在被考验，每道题都是一次考验，同样地，当你想要考验别人的时候，你也要学会出题。在别人测验你的时候，你要学会从不同的角度考量别人，这样你才能够做出更好的选择。

你在工作中，你的上级会有意无意地考验你，因为他想知道你的能力到底有多大。在这个时候你要经受住对方的考验，在考验的同时也要明白这是一次机会，也是你考验对方的机会，所以说你要用心去分析你的上级的为人，如果你能够清楚对方的为人，那么你在很多时候也就能够选择成功。

你的上级会经常在考验你，你要学会通过考验来看清上级的为人。记得从一本书上看到过一个这样的故事。

一个女孩遇到了一个男上司，男上司一直认为女孩是因为有关系才进的公司，因为在他看来这个女同事是毫无工作能力的，除了长得漂亮。于是，他就处处刁难这个女下属，女孩明白自己的上司是什么样的人，在面对上司刁难的时候，她从来没有退缩过，都是坚强地去努力，把每次刁难都变成了女孩展现自己能力的机会，最终，女孩得到了上司的认同。通过上司的刁难，女孩发现自己的上司其实是一个很要强的人，他的自尊心很强，所以女孩明白，自己的上司不是恶意要刁难自己，而是希望考验自己的能力。

你要知道不管在什么时候，你的上司会在许多方面来测试你具有怎样的能力，有的上司是希望能够利用好你的能力，让你发挥更大的作用，但是有的上司就可能是有其他的打算，这个时候你就要学会了解对方的内心，这样你才能够做出正确的选择。

当你遇到一个喜欢和下属一起活动的上司的时候，你就要明白这样的老板是更加容易接近的，当你在工作上遇到困难的时候，你可以大胆地求助，所以说这个时候你做出的选择一定要是对工作有利的，这样他会毫不犹豫地来帮助你。

当然，不管是你从事什么样的工作，你的上司都希望对你有一定的了解，尤其是对你的能力有一定的了解，如果你能够明白这一点,那么你也就不会埋怨你的上司为什么总是在考验你。在每个人的人生中,要想让自己得到更好地发展,那么你就必然要具备一定的工作能力。要知道每个人的工作能力都是不一样的,而你的上司希望你的能力可以胜任你的工作。但是在这一点上你应该注意,那就是在凸显自己的能力的时候要学会低调,因为如果你总是高调地炫耀自己的能力,也会适得其反,如果你具有了很强的工作能力,那么就一定要认真地表现。

当然,为了了解你的能力,你的上司难免会给你出难题,这个时候不要轻易地放弃,因为这是对你的考验。因此,在这个时候你一定要认真地对待,但是不要盲目地行动,要知道这个时候也是你的机会,你认识或者说你了解对方的机会,这个时候,你可以通过对对方的了解,来认识对方的人品,了解你的上司的为人。

每个人或多或少都会在生活中被考验,你会发现你的上司无时无刻不想知道你的能力有多大,所以他们会出一道接着一道的选择题,这个时候你不要只是顾着自己的选择,要通过这一个接一个的选择题来看清楚上级的出发点,了解他的为人,这样你会发现,自己的选择往往会变得更加容易。

拥有更好选择的秘诀

不管你是从事什么工作的,也不管你曾经遇到过几个上司,你会发现每个公司的上司都在给自己出选择题,他们希望自己做出合理的选择，但是这个时候，你也应该看到这同时也是一种双项选择，这样才能够帮助你做出选择，才能够让你做出更好的选择。

患难见真情

人的一生会遇到很多的坎坷，不是所有的人都能够顺利地走过。因此，不要因为生活的坎坷而心情不好，当你处在困境中的时候，要真实地面对自己。当然要知道挫折不一定只有不好的方面，在很多时候，它也有好的方面，在困境中，你可以真正地了解一个人的内心世界，看到对方所谓的"友谊"是不是经得住时间的考验。这个时候你会发现患难中见真情。

当你处在逆境中的时候，你以往的朋友中肯定有主动帮助你的人，这样的朋友也多半是你知心的朋友。他们往往会因为你的困境而烦恼，总是在想尽办法来帮助你走出逆境，他们不求回报，只求你能够尽快地走出逆境，所以这样的人会主动地靠近你，从而用自己的资源或者是力量来帮助你获得成功。从对方的举动上可以看出，对方是真心为你考虑，这样的人多半是重感情的人，他们将感情看得比什么都重要，在他们的心目中，友情是十分重要的，同时，他们也是十分真诚的，他们会真诚地对待自己的每个朋友，热心地对待每一个人，尤其是在逆境中的时候，你在面临选择的时候，更加希望有人来帮助自己，这样你会发现这些朋友才是自己最值得相信的，也是最能够帮助自己做出选择的，最终，你会在这些朋友的帮助下做出更加适合自己的选择。

当你陷入困境的时候，难免会遇到希望帮助你的人，但是对方希望帮助你不一定就能够帮助到你，所以在这个时候你就要学会从对方的角度出发，在很多时候，一个希望帮助你的人，不管他是不是有能力帮助到你，总会很积极地为你想办法，帮你摆脱困境，所以说这样的人就是可交之人，通过自己的困难时期来分辨朋友，是非常重要的，当对方希望帮助你的时候证明对方是真心地关心你，起码是真诚的，所以你也要真诚地对待对方，重视彼此之间的友情，帮助对方，这样你会发现即便是在逆境中，自己也是幸运的，也能够做出更好的选择。

拥有更好选择的秘诀

当你处在困境中时，不要以为逆境只有坏处没有好处。因为这个时候你才能发现友情的可贵，当你发现有的人在真心关心你，真心希望帮助到你的时候，你就要珍惜对方的真诚。真正的朋友会竭尽全力地帮助你，让你做出更好的人生抉择。

152

考验自己的定力，选择自己的职业

在我们小的时候，老师都会问我们有什么样的梦想，孩子们都是很天真的，不会过多考虑什么，所以他们会毫不保留地说出自己的梦想，有的小孩说希望成为一名医生，有的小孩希望长大后成为一名老师、科学家、商人，等等，他们会将自己的人生简单地定位在某个职业上，而做这些职业的理由往往也是很简单的，但是这毕竟是儿时的简单梦想，随着人们年龄的增长，人们的梦想也在不断地改变，所以说这个时候你就要明白自己为什么要从事这项工作，为什么要选择这个职业。

每个人都会有自己想要成就的事业，即便很多人没有什么事业梦，但是他们也不想自己没有工作，工作是一个人的简单需要，但是在很多时候这个最基础的需求往往很难达到理想，所以一个人的职业往往是很重要的，是一个人生存的保障，那么怎样才能够让自己选择好自己的职业呢？

首先，你要了解自己，一份好的工作就是一份适合自己的工作，如果你选择的行业不适合自己，那么即便你付出很大的努力，也很难成功。

其次，如果你了解了自己，那么接下来就是要选择适合自己的职业，要知道能够选择一份适合自己的工作往往比自己努力还要重要，如果你感觉自己的性格适合做文职，那么就不要选择销售，如果你觉得自己善于与人交际和沟通，那么你完全可以大胆地选择公关行业。所以说了解自己的性格之后，要敢于做出行业的选择。

最后，就是要考验自己的定力，当你选择了一个行业的时候，可能开始并不是那么顺利，这个时候你就要学着了解这一点，如果你能够认识到这一点，那么你会发现自己需要的是时间。不要因为开始的困难而怀疑自己的选择，要坚定信心，不管自己做出怎样的选择，都要告诉自己这是最适合自己的工作，从而坚定信念，让自己的选择变成美好的现实，实现自己的事业梦。

当然，在做出选择之前也要考验自己的定力，不要三天打鱼两天晒网，要知道自己的选择无论在什么时候都是自己做出来的，要对自己负责，而对自己负责的最好办法就是要考验自己的耐力，即便是在选择中出现了很多的困难，或者是自己走进了困境，都要坚定自己的决定，然后不断地努力，从而做出更加适合自己的选择，让自己在自己适合的职位上，实现自己的成功。

郭佳佳在大学的时候，学的是社会学，大学毕业后，她不想从事和社会学有关的工作，而是希望自己从事和新闻有关的工作，这个时候，当她将自己的想法告诉了自己的父母的时候，父母坚决反对，说搞新闻太危险，不允许她进入新闻圈。

但是她却不这样认为，她觉得自己的性格适合做记者，她希望自己的生活富有挑战和刺激，于是她坚定信心，选择了一份和记者很接近的工作，开始了她的新闻梦，在开始采访的时候，自己很不专业，不但失去了很多有用的信息，自己也总是被上司批评，但是她没有退缩，不断地努力，在两年的坚持下，她成为了一名合格的记者，并且有好几家电视台希望她能够去做驻外记者，这样一来，她的新闻梦或者说是记者梦也就实现了。

郭佳佳之所以能够取得后来的成功，是因为她知道自己真正想要的，没有因为父母的反对而放弃自己的选择，最终，也实现了自己的梦想。

每个人都会有自己的梦想，而这些梦想想要实现，那么最重要的就是衡量自己的能力。在每个人的人生阶段，都需要对自己的能力有一定的考评，如果不能够很好地认识自己的能力，那么最终你会失去属于自己的定位。如果你想要让自己的梦想成真，那么就应该给自己一个合理的定位，这种定位的前提就是了解自己。要想了解自己，就要认真地思考。你可以利用自己人生中的寂寞的时光，让自己沉浸在寂寞中，好好地思考一下，自己到底具备了哪些能力，具备了多少成功的能力，在人生的每个阶段，你的能力都必然会发挥一定的作用。因此，了解自己的能力，选择适合自己的人生目标，这样你会发现自己的成功就来源于自己的选择，自己的职业也就是自己成功选择的结晶。

你是否是一个有定力的人，如果你拥有定力，那么你对自己一定会要求很严格，不会因为自己的成功而自大，更不会因为自己的失败而沮丧，要知道一个人要想实现自己的成功就应该为自己的成功付出努力，当你希望自己获得成功的时候，你就应该坚持自己的梦想，如果你不懂得坚持自己的梦想，那么最终你所拥有的将不会是成功，而是一个接着一个的失败。

你会不会因为自己开始的不坚持而失去自己的职业梦？在很多时候，有的人正是因为开始选择的苦难，没有坚持下去，才让自己失去了成功的机会。在很多时候能够选择自己喜欢的工作是不容易的事情，因为会出现很多的阻挠因素，所以说，这个时候你就要明白自己想要的是什么，然后做出选择之后，坚定自己的信念，实现自己的成功。

拥有更好选择的秘诀

怎样才能够做自己喜欢的工作，并且在工作上如鱼得水呢？这恐怕离不开你对自己的分析和考验，如果你分析清楚了自己的性格，那么你也就能实现自己的成功。同时，你也就能够让自己的事业变得更加顺畅，所以说要考验自己，让自己更加有耐心，最终选择适合自己的职业。

投缘是人与人最好的选择

　　缘分在很多时候会发挥很微妙的作用，不管你承认也好，不承认也好。你为什么能够碰到这样的人，为什么不会碰到那样的人，为什么会和这样的人成为朋友，为什么会讨厌那样的人，这都是缘分在作怪，同样地，你和什么样的人比较投缘，要知道如果两个人投缘，会减少很多的误会和摩擦，会帮助你做出更好的选择。

　　在生活中，你或许会遇到这样的人，你和他在一起有说不完的话，同时说什么话题你们都会有同样的观点或者是你们从来不会出现无语的状态。这个时候你会发现你们在一起谈话往往是十分自然的，不需要特别去思考，更不需要玩弄心计，你们在一起会变得很自然，这样你会发现你们不会因为几句话而误会对方，更加不会产生矛盾，所以说这就是所谓的"投缘"。

　　投缘，在交际中发挥着很重要的作用，如果你们是投缘的，那么你会发现你们两个人有很多的共同点，比如说在生活上或者是在习惯上，你们都有共同喜欢的事情和养成的习惯，所以说在交流的时候你们的内心会变得更加接近对方，让彼此变得更加容易靠近，当你面临选择的时候也是一样的，如果你们投缘，你会发现选择也是比较简单的事情。

投缘是人与人最好的选择，如果你想要成功，那么找到投缘的人，往往会让你离成功更近一步。在生活中，你会遇到投缘的人，不管是在什么时候，你可能会在无意间发现投缘的人，这个时候，如果你不知道如何选择，那么你就可以尽情地去和投缘的人去讲，或许这个时候你会发现自己想要的选择。

如果你能够和你的朋友投缘，那么不管你遇到多么大的困难，都会得到朋友们的支持，同样地，如果在你的工作中，你能够和你的上司投缘，那么你的发展就会变得顺利，你才能够实现自己的成功。

即便你来公司的时间很短，即便你的能力有限，但是你和老板能够有共同的语言，能够有共同的想法，这样自然而然就能够达到共鸣，那么你选择的机会也就多了，实现自己的最终选择也就变得自然而然。

如果你和你的同事很投缘，那么你就能够和别人相处得很融洽，在工作中，你们也能够更加顺利和更好地协调好团队。如果你和你的同事有共同的语言，那么你会发现做很多事情都会变得更加顺畅，甚至很少会产生矛盾，这就是大家彼此投缘的价值所在。

如果你和你的朋友很投缘，在生活中能够有几个知心的朋友，那么你在受到委屈的时候就能够拥有很多的倾诉对象，当然在你不知道如何做出选择的时候，也会有人帮你出主意，你起码能够借鉴和对比，这样你的选择就能够更加准确和正确。

梁丝丝是公司的开心果，可以说她走到哪里，哪里就有欢笑，她和很多同事都很投缘，每天下班之后都会一起去吃饭，自己有什么不开心的也会和同事说。记得一次，梁丝丝和男朋友吵架，两个人要分手，梁丝丝很伤心，同事当然知道这些事情，后来还是在同事的帮助下，两个人和好如初。

在工作上，梁丝丝遇到什么难题，都会和同事商量，因此不管是什么样的工作，梁丝丝都能够很好地完成。

梁丝丝不管是在生活上还是在工作上都能够找到与自己投缘的好朋友，并让彼此发挥到相互帮助的作用，从而让自己更好地去选择，所以说，彼此投缘往往是一个人的价值，也是一个人的魅力所在，当你不知道自己如何选择的时候，你如果能够和投缘的人商量，那么你自然而然地会得到一定的帮助，从而做出更好的选择。

李佳慧得知自己病情之后很无助，医生说她得的是白血病，她知道自己的病很严重，自己能活的时间已经不多，因为怕自己的父母伤心，就没有告诉父母自己的病情，但是每天她都会闷闷不乐，更是没有心情工作，后来去医院治疗的次数多了，认识了一个比自己小很多的小孩，她才 10 岁，也是白血病，但是她很乐观，每次去都会和李佳慧聊天，两个人久而久之成为了朋友，她对自己的病很有信心，开始，李佳慧想要放弃治疗，但是在这个小女孩的鼓励下，李佳慧坚持治疗，不管最终会怎样，李佳慧想自己都要勇敢地面对。

对于李佳慧来讲，这个小女孩就是她的有缘人，在她看来自己的病只有一死，但是在小女孩的鼓励下，李佳慧能够乐观地面对自己的病情和生活，这就是缘分的力量，也是彼此投缘的价值。彼此投缘的人会将自己开心的不开心的都表述给对方，对方也会耐心地帮助彼此，所以说这样你才能够做出更好的选择。

你的身边或许有很多的朋友，但是真正与你投缘的可能会很少，要知道在你的人生中，你需要的是找到一个与自己投缘的人，只有与自己投缘的人才会真正了解自己，在你失败的时候你才能够真正明白自己想要的是什么。如果你能够遇到一个真正和你投缘的人，那么你就是一个幸福的人，要知道人生中最难得的就是彼此能说到一起，有着共同的奋斗目标。这个时候你就要学会珍惜这份缘分，这样你才会得到更多的快乐，才会享受到生活中的幸福。

每个人都会有朋友，但是不是每个朋友都是和你投缘的，要找到一个真正和自己投缘的人也不是一件简单的事情，在很多时候和你投缘的人不一定能够在恰当的时候出现。所以说，如果你遇到投缘的人，就要珍惜这份缘分，然后在自己不知道怎么选择的时候，不妨让对方帮你出出主意，或者是帮你做出更好的选择。

拥有更好选择的秘诀

每个人都有希望得到的选择，要知道与人投缘就是一个人最好的幸运，但是要想让你的幸运能够发挥实际的作用，那么你就要学会让彼此投缘发挥价值和作用，比如说当你遇到困难的时候，你可以让对方帮助你走出困境，这就是彼此投缘的价值，所以说不要让自己的价值无处施展，要知道与人投缘就是一种价值，是帮助自己做好选择的关键因素之一。

有技巧地选择合作伙伴

人是社会中的人，所以不可能所有的事情都只是靠自己一人去完成，要知道一个人的力量是有限的，就像那首歌词所写的"一根筷子轻轻被折断，十双筷子牢牢抱成团"，所以说众人力量大，在很多事情面前，你一个人的力量是不能达到目的的，所以需要很多人的合作，说到合作，那么就要求你选择好自己的合作伙伴，合作伙伴往往很重要，是你能否完成任务的关键所在。

提起合作伙伴，我们第一个想到的就是工作，在工作中，我们往往会遇到需要团队一起完成的事情，所以在这个时候我们就要学会融入团队，挑选自己的合作伙伴，如果你自己的合作伙伴选择正确，那么你可能就会很简单、很迅速地完成任务，如果你的合作伙伴不够完美，那么很有可能导致你的任务泡汤。所以说在工作中，挑选自己的合作伙伴是很关键的一步，当然选择合作伙伴也是有一定技巧的。

　　首先，你的合作伙伴必须是你比较了解的人，不要轻易地和自己不认识的或者是陌生的人合作，因为你不了解对方的性格和脾性，很可能因为一句话或者是两个人的观点不同而让你们的合作失败，所以说，最好是找自己了解的人作为合作对象，这样一来遇到事情的时候，起码两个人不容易产生误会。了解自己的合作对象往往是能够实现完美配合的关键，所以说了解对方很重要。

　　其次，就是要找一个和自己有共同步调的人作为合作对象，如果你选择的人没有和自己达成共同的意愿，那么对方自然而然不会将你的事情放在心上，即便是对你们有利的事情，也会因为对方的不在意而变得无益处，要知道如果两个人有着共同的目标，那么才会有足够的勇气和精力去奋斗。

　　最后，选择的合作对象不一定要有很高的能力，但是一定要有诚信，起码为人一定要诚信。一个不诚信的人，是做不成事情的，只有当对方诚信地对待你们的工作或者是目标的时候，你们的努力才会取得成功，即便是遇到苦难的时候，对方不会抛弃你而一个人偷偷地溜走。一个诚信的人，会在你们遇到困难的时候真心帮助你，最终实现你的成功。

由此可见，选择一个好的合作伙伴并不是一件简单的事情，不管是在什么时候，你都要明白自己的合作伙伴是帮助自己或者是共同实现目标的人，而不是自己的下属或者是低于自己的人。因此，在选择的时候要有一个很平衡的心态，不要将自己的合作伙伴看作是给自己打工的人，要将对方放在平等的地位，保持好两个人之间的关系，这样你才能够找到适合自己的合作伙伴，从而找到适合自己的人，不管是在工作中还是在生活中，找到一个适合自己的合作伙伴往往是很重要的，这样的人不但能够帮助自己实现成功，同样地，也能够让自己在选择面前变得更加勇敢，做出更加适合自己的选择。

刘小宁想要在自己的家乡开一个大酒店，但是自己又没有足够的资金，于是他想找一个人合作，自己出一部分钱，让对方出一部分钱，经过朋友的介绍，他认识了王江辉。两个人很快就决定合作，王江辉开始显得很热情，对这个项目也很赞同，最终两个人达成共识，每个人出25万元作为投资资金。很快酒店开始了正常营业。

半年之中，酒店的生意一直不好，刘小宁先后又拿出自己的10万元投资进去，但是王江辉再也不肯多拿钱，最终王江辉决定退出来，说投资的25万元就当是借给刘小宁的，希望他以后挣了钱还给自己，刘小宁很无助，觉得自己在困难的时候，自己的合作伙伴不但不帮助自己竟然还雪上加霜。

选择合作伙伴必须慎重，如果你不慎重地挑选合作伙伴，那么很可能会因为合作伙伴而失败。要想拥有一个好的合作伙伴并不是一件简单的事情，不是随便找一个人就能够合作办事情的，尤其是当你要做出成绩的时候，就更要找到一个适合自己的伙伴，或者是和自己有共同目标的伙伴，这样的人在实际生活中才能够帮助你实现自己的目标。

　　选择合作伙伴一定要讲究技巧，不管是在工作中还是在生活中，你都需要别人与你的合作，很多事情并不是你一个人就能够完成的，同样地，很多事情，也不是说只有你一个人的力量就能够实现成功的。如果你想要实现自己的成功，就要学会让自己拥有属于自己的技巧，每个人的成功都不一样，那么你就要掌握成功的技巧，而要想真正成功，最重要的一点就是挑选适合自己的合作对象。

　　当然，适合的合作对象，最应该具备的就是和你拥有共同的职业理想或者是奋斗目标，这个奋斗目标没有必要完全相同，可能你们各自都有各自的利益点，但是大致方向上要是一样的。所以说，在这个时候你首先要看清对方内心所要的是什么，所想的是什么，只有这样你才能够实现自己的成功，在一个人的人生奋斗过程中，要想看到自己的成功，就要学会成就别人，因此，如果你想要让自己成功，就不要害怕与自己合作的对象变得强大，要知道对方的强大，才能够带来自己的强大，所以说挑选一个强大的合作伙伴并不一定是一件坏事。

每个人都希望遇到能够帮助自己的人，尤其是在自己遇到困难的时候，其实合作伙伴就是一个能够帮助自己的人，如果你的合作伙伴能够在你困难的时候伸出援助之手，那么你也就算是遇到了自己的值得信赖的人，当你能够信赖你的朋友的时候，那么对方也就是你最好的合作伙伴。

拥有更好选择的秘诀

如果你的目标和对方的目标是一致的，那么你们就具备了合作的最基本的条件，但是只是具备这个条件是不够的，选择合作对象要学会从自己的实际出发，让对方成为自己信赖的人。当然你的合作伙伴不是你的下属，因此，你在选择之前要摆正自己的心态，不要让自己的心态影响自己做出选择。

中篇　舍弃火的炙热，成就冰的坚强

本章小结

　　不管是在生活中还是在工作中，做事情和与人相处，都需要遇到合适的人，如果对方不是你合适的人选，那么接下来的选择将是一件困难的事情。当然，要想实现自己合适的选择，就要检验出意气相投的人。

　　要想找到意气相投的人，就不能将选择的考验看作是一种刁难，要学会换位思考，这样你会发现选择的过程就是成长的过程。当然人生中重大的选择包括自己对另一半的挑选、对职业的选择、对朋友的选择、对工作伙伴的选择，这些都是你选择的关键，如果将这些选择看作是一个个坎儿，那么这几个选择就是很大的坎儿，在选择的时候就更要注意和认真。要郑重地问自己那个人是不是适合做自己的另一半，自己是不是适合从事这个职业，那个在自己困难的时候帮助自己的人是不是自己的"死党"，那个人是不是适合和自己合作完成工作等等，这些都是你要认真考虑的，只有你认真考虑了才会做出更加适合自己的选择，才能够让自己成功。

第六章　在岔路口峰回路转

　　不管是游戏还是生活，我们都需要练就在关键时刻学会转弯的本领，如果你在人生的岔路口能够让自己摆脱困境，那么你就要知道人生转折中的各种"急转弯"，然而，人生的急转弯不是那么容易转身的，而你的选择绝对需要刹那间找到峰回路转的奇迹。

人生总有那么几个转折点

每个人的人生都会有那么几个转折点，如果你能够抓住这几次时机，那么你就能够实现自己的愿望，找到自己的人生路途。在人生的转折点上，就是一次挑战和改变自我的机会，如果你能够改变自我，那么就能够实现自己的转折。

在人生的转折点上，最重要的就是能够做好选择，如果你能够做好选择，那么你就能够实现自己的最终成功，在人生的转变中，你会发现选择是实现自己转变的关键，那么怎么做才能够更好选择，然后让自己在转折点实现自己的发展呢？

人生有很多大大小小的转折，但是关键的步骤有这么几个，首先，是学生的角色，尤其是是否上大学，这对中国的家长来讲是十分重要的，他们都很希望自己的孩子能够上一所好的大学，因此就会想尽办法，为了孩子的大学路付出很多。同样地，对于孩子来讲，很多人在高中毕业后会选择就业还是上大学，这就是一个转折。再者，是由学生的角色转变为社会角色，比如说在学业结束后，很多人会选择工作，因此，选择工作或者说选择职业又将是一次重要的转折，这次转折往往会影响到你的成功，也是人生中重大的转折。最后，说到转折恐怕组建家庭也是人生中重要的选择，如果你在婚姻的问题上选择自己正确的另一半，做好这一次的突破，那么你也就能够让自己变得更加幸福。

在生活中，每个人都会遇到人生的重大转折，或许不同的人会认为自己的转折点不同，在不同的转折点之下，或许会得到更多的选择。要想实现自己的人生转折，那么，就要学会从不同的转折点出发，然后让自己的人生变得更加顺利。

面对人生的转折，首先，你要明白自己都有怎样的选择，起码你应该知道自己有哪几条路可以走，如果你能够明白这一点，那么你也就能够实现自己的最终目标，如果你不知道怎么选择自己的道路，那么你最终是无法实现自己的选择的。比如说在你大学毕业后，你是选择继续深造还是就业，或者是参加公务员考试，这些都是你可以选择的道路，在这个时候，如果你连自己有几个选择都不知道，那么你是无法实现自己的成功的。

其次，就是要做好自己的选择，要知道自己的人生要适合自己的选择，不要因为其他的原因来做出不适合自己的选择，比如说在你选择工作的时候，不要因为朋友的关系，而选择一个自己不喜欢的职业，如果你想要做一名商人，就要学会经商之道，而不是花费很多的时间在文学的研究上，如果你想要从政，就要学会人与人之间的妥当交往，不要总是不问世事。所以说，要学会做出自己的选择，这样你就能够实现自己的转折。

最后，人生的转折点，往往充满着挑战，那么你就要能够承受得住压力，不要因为自己的不坚强而让自己失去了挑战自我的机会。比如说当你选择婚姻的时候，不要质疑自己的婚姻，要学会相信对方，这样你才能够有可能获得幸福。要大胆地实现自己的幸福，不要因为自己以往的失败，而怀疑自己现在的选择。

王靖宇在大学毕业的时候很是困惑，因为摆在他面前有三条路可走，一是选择继续深造，再者是选择就业，第三种选择是考国家公务员，但是他不知道自己想要走哪条路，而是跟风选择继续深造，于是，他打算考取研究生，但是在他学习的时候，总是能够听到自己身边的朋友说有的同学找到了一份好工作，于是他又想要找工作。最终，他研究生没有考上，也没有找到适合自己的工作。

王靖宇大学毕业后的情况可以看出人生中会有很多重要的转折点，要想实现自己的成功，就要学会抓住每一个转折，这样你也才能做好自己的选择。人生中的选择很重要，所以不要盲目去选择，更不要因为别人的举动而影响到自己的选择，要知道自己的选择应该适合自己，起码能够让自己在转折的时候能够成功，而不是永远无法成功。

在人生的道路上，我们会遇到很多次的转折，或许你这次的转折就注定了你的成功，又或许这个转折的结果是失败，但是不管在你遇到什么样的机会的时候，都不要放弃，要学会认真地对待，只有认真地对待自己身边的人或者是事情，才能够让你感受到自己的成功。每个人的人生都是不一样的，要想实现自己的成功往往需要你正确地面对自己人生中的选择，只有当你选择成功的时候，你才能够感受到成功的幸福，才会感受到成功带来的快乐。

对待自己每一次的人生转折都要认真，每一次的转折都可能是自我的一次突破。在你的人生转折的时候，你更加要谨慎对待，谨慎地对待自己身边的人和物，让自己的内心达到更好释放，人生就是一台戏，每场演出都需要你去努力，如果你不能够很好地努力，那么你最终是无法让自己的人生变得圆满，更不会让自己取得更大的成就的。

每个人都会有属于自己的选择，如果你能够转折成功，你也就能够实现自己的最终成功。当然，转折是充满挑战的，因此，要做好充分的思想准备，即便是自己转折失败，也要选择适合自己的，这样你才能做到不会后悔。

拥有更好选择的秘诀

每棵树从生根发芽，到长出树叶，从长出树叶到开花结果，都要经历很多的转折，或者说每次转折就是象征着一个阶段的结束和一个阶段的开始。人生也是如此，在每个人的一生中都会面临各种大大小小的转折，同时，每个转折就是一段人生的开始或者是新的人生阶段的结束，如果你想要让自己的人生有新的突破，那么你就要做好人生的转折，做出更好的选择。

不要错过每个转变的机会

　　每个人都会有转变的机会，要抓住机会。在生活中，或许不经意间一个机会，你就能够实现自己的转变，只是看你能不能抓住。有的时候机会就像是一片落叶，有的时候机会就像是一阵风，叶子落了就再也不会变绿，风过了就再也不会回来，机会也是一样的，珍惜稍纵即逝的机会，让自己有所转变。

　　一个成功的人，是一个能够抓住机会的人，或者说在他的生活中，他能够看到机会的存在，这就需要一个人的观察力，观察到机会的存在。不要让转变的机会擦肩而过，更不要让自己后悔自己的选择。

　　要想拥有机会，就要具有很好的观察力，如果能够观察到机会在身边，那么你就能够抓住机会。有的时候机会就是一只蝴蝶，它会在你的身边飞来飞去，如果你能够看到它的存在，如果你可以去追，可以捕住蝴蝶，但如果你只顾着观察身边美丽的花朵，那么你很有可能看不到蝴蝶起舞，最终也无法找到蝴蝶的踪影。

机会是纷纭世事中的许多复杂因子运行间偶然凑成的有利空隙，这个空隙稍纵即逝。常言道："弱者等待时机，强者创造时机。"所以，要把握时机，需要眼明手快地"捕捉"，而不能坐在那里等待或拖延。如果当你看到机遇将要来临，那么更不应该松懈和退缩，要更加重视即将到手的机遇，不要因为自己的一时松懈而让机会从自己的身边溜走，抓住机会就是抓住选择，选择了机会就是选择了成功的一半。

很多时候，不是你没有碰到机遇和转机，而是因为你一时的大意或者是一时的放松而让自己的机遇从身边溜走。很多时候，不是你没有努力地去争取机遇，而是因为你在最后关头没有很好地把握住机遇，从而错失良机。所以，为自己创造机遇要坚持到底，不要因为自己最后一时的松懈，而让自己的努力白费。主动伸出你的手，迎接机遇的到来，不要让即将到手的大好时机化为乌有，当你主动去抓住机会，那么你也就能够做出更好的选择。

机遇需要的是主动争取，没有机会会自己白白送上门的。在你没有真正拥有机遇的时候，不要轻易放弃，要知道处在逆境中的自己是需要好运气来为自己提供转机的。要学会主动迎接好运的到来，不要因为自己一时的松懈，让别人捷足先登，让自己的努力化为乌有，主动伸出你的双手，迎接好运的到来，让自己做出更好的选择。

一个懂得坚持不懈的人，总是会等到机遇变成现实的那一刻，而不是在机遇就在面前还没有真正属于自己的时候而松懈。不要以为自己的奋斗一定会换来大好良机。要知道你一时的松懈很有可能让良机变成他人的战利品。要想实现自我的人生转折，要想走出人生低谷，要想翻身成功，就要坚持到底，一刻也不要松懈，直到好运帮助自己化险为夷为止，直到让自己做出更好的选择为止。

李峰峰是一家公司培训机构的业务员，他参加工作已经四年多了，工作地点在天津，主要是跑业务，为自己的公司招揽客户，工作对象主要是一些公司的高级管理层人员，组织这些人员去外国著名企业参观学习，让一些大企业家给他们进行一些必要的培训。

因为近两年天津出现了好几家同样性质的培训机构，他的工作也越来越难做，竞争力越来越大，对于他来说老客户是十分重要的资源，通过和老客户联系和交流，让老客户介绍他们的朋友参加学习和培训是一个很好的办法和工作途径。

李峰峰有一个很好的朋友，这个朋友也是他以前的一个老客户，他是搞建设的，他答应介绍自己一个房地产开发商朋友给李峰峰认识，李峰峰十分希望自己能够拥有这个客户，从而完成他的这个月的业务指标。于是主动跟老客户要了对方的联系方式，积极地去联系对方，主动为对方寄送关于公司的资料和课时安排，最终，老客户的朋友参加了自己公司的培训，这不仅帮助他完成了这个月的业务指标，同时，因为他的主动和热情，客户对他都有很好的印象和评价，他很快拥有了晋升的机会。

李峰峰的经历，让我们学到了很多，正因为李峰峰能够积极主动地与客户联系，不放弃自己眼前每个小的机会，让他拥有了更好的发展，从而实现了人生的突破。当你看到机会就在你的眼前的时候，你要学会去把握时机，让自己拥有更多的选择。

机会来之不易。你如果得到了一次重要的机会，就要学会去认真地对待，只有认真地对待，机会才不会错过，你才拥有良机，让自己得到更大的进步。人生的每个阶段，都需要机会，你如果能够去发现机会，那么最终就能够实现自己的成功，如果你不懂得去发现身边的机会，那么你永远不知道自己怎样才会成功。

在人的人生中，你需要积极主动地去生活，在人生的每个阶段，积极主动地生活往往能够让你感受到快乐。积极地去争取自己的机会，为自己的成功创造出更多的机遇，最终你会发现自己的生活已经十分美好，自己的人生之路也变得平坦很多。

一个人的生活是机会堆积起来的，不管是大的机会还是不经意的契机，你都不要小觑，要将每次机会看作是自己成功的关键，要告诉自己，如果自己抓住了眼前的这次机会，那么自己很有可能做出更加适合自己的选择，最终实现自己的成功，这就是你的选择，也是你的进步。

拥有更好选择的秘诀

当你身陷逆境中时，你或许希望机会。当你看到机遇时，要主动地争取，因为机遇就是帮助你实现转折的好运。不要不在乎每一次小的机会，要知道每次小的转变就是自己很大的突破，如果你能够珍惜每一次小的机会，那么你最终就能够实现自己的梦想，让自己取得成功。

面对转折，绽放从容笑容

不要总是很个性地说："我开心就笑，不开心就不笑，和他人无关。"这只能是一句气话。因为很多时候，微笑不是因为你开心，而是因为你需要微笑。微笑往往是一个人的人格魅力的体现，所以要用你的微笑成就自己的转折。

生活就是一个五味瓶，不管是在什么样的气息下，都会散发出不一样的味道，同样地，如果你尝出了瓶子中的苦涩，那么你很有可能会感受到无比痛苦，每天垂头丧气，不要这样，要用笑容冲淡困境，让自己感受到甘甜，微笑是帮助你做出更好的选择的方式。

你给你周围的人留下的是怎样的印象呢？或许你不曾注意过。当你面带笑容的时候，别人的表情是怎么样的，当你总是不苟言笑、沉默古板时，别人的心情又会是怎么样的？不要吝啬你的微笑，因为微笑会拥有自然而然的竞争力，在你微笑时，一切的不利因素会因为你的微笑而变得不再起作用，微笑会让你化解一切的尴尬情景，在选择的同时也是一样，或许你的微笑正好是你做出正确选择的标记。

笑容是一个人健康形象的最基本标志，包括心理和身体两方面。当你微微一笑时，心情自然而然地会放松，以往的紧张压力都会得到缓解。不管是你遇到怎么样的困难或者是正处在怎样的压力之中，只要你学会微笑，你会发现事情没有你想象得那么艰难，压力也没有你想象得那么巨大，都是自己在给自己制造不必要的困境，所以要学会自我心理上的放松，而心理上放松的最好办法就是放松，你会让自己的心态变得平稳，这样，在机遇面前就不会觉得那么紧张，同时在逆境中的你，也不会因为此时的压力而喘不过气来。

笑脸就是一个人内心的调节器，对自我的身体健康也是很有帮助的，即便你自己感觉不出来，但是这是不可改变的真理。脸一微笑，全身就会放松。人的全身都会放松，身体自然而然走向健康。健康的身体是一切的本源，只有保持自己身体健康才有扭转逆境的资本，所以不要吝啬你的笑容，吝啬笑容的人是在危害自己的身体健康，同时也是在让机会从自己身边溜走，所以说拥有健康的身体和做出正确的选择都离不开笑容的伴随。

要明白一个笑脸能化解很紧张的关系，一个冲突，一场矛盾，一个笑容可能就化解了。当你和别人产生矛盾时，你主动地微微一笑，不用多说什么，你们的矛盾就可能因为这个微笑而化解。这样会让你拥有一个很好的人际关系网。不要小看这个微笑，这个笑脸往往是你拥有更多选择的关键，同时也是你做好选择的关键。

生活中健康的、成功的人，是一个经常微笑的人。工作中，强手如林，充满激烈竞争，要从中找到自己的一席之地，开发自己的潜能，实现自己的人生价值，是每一个人不可避免的现实问题。在这个过程中，许多人往往不能适应形势的发展、观念冲突、心理困惑、选择矛盾等各方面，要想成为工作中的成功者，就必须要学会运用笑容，让微笑为自己打开成功之门。

王亚菊毕业于一所师范大学，走上工作岗位已经整整三年了，她说她是"笑"着度过这三年的。在看到出没在各大人才市场求职的、那些行色匆匆的求职者们，王亚菊就不由得想起了自己的求职和工作经历。王亚菊现在的这份工作是她的第二份了。回想当时，自己孤身一人、远离家乡到这所城市求职时，王亚菊心情有点激动。王亚菊刚毕业，本来打算留在家乡工作，但是当她看到一则招聘广告，广告上的职位正好是自己擅长的平面设计工作，于是按照招聘广告上的联系方式，她向用人单位发了一个求职电子邮件。几天之后，王亚菊就意外地接到了这家公司人事部经理的电话，要她在第二天下午到公司参加集体面试。

第二天，王亚菊带着自己的求职简历和相关的各种资料来到了用人单位所在的办公楼下，王亚菊微笑着向保安打听清楚了"人事部"所在的楼层，随后平复一下自己的紧张心情。面试的人很多，等待的时间让王亚菊紧张了起来，她为了让自己安定些，走进洗手间，这时因为自己的情绪过于紧张，不小心碰到了一位女士，王亚菊微笑着给那个女士道歉。后来，轮到王亚菊进去面试，她才发现自己刚才撞到的那位女士就在面试官行列，心里虽然有点紧张，但也庆幸自己已经道歉了。最终，她成了这家广告公司的一名正式员工。

工作以后的一次偶然机会，王亚菊向总经理也就是自己撞到的那位女士问道，在那么多参加应聘的求职者中，总经理为什么会选择了她？总经理的回答有些出乎王亚菊的意料，"因为你的微笑感染了我，在洗手间撞到我的瞬间，你能用真诚的微笑来面对我，同时又那么礼貌地道歉，我相信这样的员工是乐观和积极的。通过微笑，我能看到你有一种其他求职者不具有的自信。"

王亚菊开始工作后，总是面带微笑去工作，即便是自己的情绪再不好也会面带微笑跟同事合作和相处。因此，王亚菊在公司的人际关系很好，即便发生冲突，也会利用微笑来化解，现在的她已经成为公司的创意主管，这和她微笑着对待他人，真诚地付出是分不开的。

从上述王亚菊的成功案例中我们不难发现，当你面对人生的选择的时候是离不开微笑的，如果你能够勇敢地用自己的笑脸去迎接外界的挑战，那么你也就能够实现自己的转折或者说实现自己的愿望，即便是在逆境中，笑容往往也是帮你走出逆境的最有力的"助手"。

淡定从容是一个人的生活态度，在生活中你难免会遇到困境，也难免会让自己感受到失败，那么这个时候你需要的是让自己变得淡定，只有淡定的心态，才能够让你明白自己存在的快乐，只有让自己变得从容，你无论遇到什么样的事情，无论遇到什么情景，都会让自己感知到生活的意义。所以说不管在什么时候都要记住，让自己变得从容一些，从容往往会让你的生活变得更加快乐，在机会面前从容，也会让你得到很多，如果你总是无法从容地面对自己的转折，在转折的时候如果你过分紧张，那么最终你得到的也不会是成功，机会也会从此消失。所以说从容地面对自己的未来，从容地面对自己的成功，最终你会变得更加地豁达，一切的事情都不会影响到你的心态。

不管成功还是失败，你都需要乐观地对待身边的一切，只有当你乐观地对待身边的事物的时候，你才会发现自己的个人魅力已经得到了提高，自己想要走的人生道路已经就在脚下。不要因为一次的失败而失去自我，不知道自己人生存在的价值，更不要每天消极地面对，要学会面对自己想要的生活的时候，学会微笑，即便是失败的时候也要学会微笑，微笑对你的成功是有帮助的。面对挫折的时候微笑度过，你会发现其实也没什么大不了，自己的成功也就是自己的一念之差。

一个成熟稳重的人，无论遇到什么样的事情，都能够变得从容淡定，他们不会因为一次的成功而欣喜若狂，更不会因为一次的失败而垂头丧气，他们会为了自己的下一次成功更加努力，会为了自己能够走出困境，变得更加积极主动。所以说，从容往往是成功的助推器，你想要拥有成功，就要学会淡定。

拥有更好选择的秘诀

微笑是最好的名片，不要总是不苟言笑地面对工作，工作没有那么严肃；不要总是那么压抑地面对生活，生活需要笑容。当你面对转折的时候，或许你会很紧张或者是害怕，害怕自己会因为转折而失去现在拥有的一切。所以说，当你面对选择的时候，要学会放宽心态，然后用自己的笑容让自己完成漂亮的转身。

在选择与坚持中等待雨过天晴

你选择了什么，你就要坚持什么，不管是在什么时候，如果你真的选择了这样的道路，那么你就要坚持这样的道路。即便在你选择的道路上出现狂风暴雨，只要你学会坚持，那么你就能够看到花开花落，等来绚丽彩虹。

如果你选择了一条美丽的大道，那么你就要做好狂风吹面的准备，当狂风袭击你的时候，你就要坚持继续前进，只有这样，你才会发现原来狂风过后是风和日丽的晴天。如果你选择了一条

中篇 舍弃火的炙热，成就冰的坚强

羊肠小道，那么你就要做好遇到荆棘的危险，要知道这个时候荆棘很可能就会出现在你的脚下，如果你坚持行走，你会越过每一棵荆棘，最终实现自己的成功，不管你选择了什么，你都要有勇气经受这一切，因为这是你自己的选择。

人们都知道，不管做什么事情，都要有责任心，而责任心最直接的体现就是在坚持中，当你选择了，你就要坚持，这就是对自己负责。如果你能够对自己负责，那么你很快也就能够实现自己的成功，要知道坚持中等待雨过天晴，才是你负责的表现。

不知道你会有怎样的选择，因为每个人和每个人的道路不同，如果你想要有属于自己的人生道路，那么你就要学会选择，做出更好的人生选择，或许当你遇到不开心的事情的时候，你会后悔自己曾经的选择，但是后悔已经无济于事，如果你后悔你的选择，那还不如用这份时间来让自己变得更加坚强，在挫折面前更加勇敢，坚持自己的理想和选择，最终实现自己的梦想。

李喜然大学毕业后，不顾父母的反对，选择了投身印刷行业，要知道他在大学期间学的是经济学，但是他偏偏对印刷很感兴趣，不管父母怎么反对，他还是选择了印刷，最终成为了印刷公司的一名普通员工。

在刚进入这家印刷公司的时候，老员工都很排斥他，因为感觉他不会干太久，然而他选择了坚持，不管老员工怎么排斥他，如何欺负他，他都在坚持，他要用自己的行为告诉所有人，他是一个不怕吃苦的人。最终，在这家公司工作了两年之后，他就成为了这家公司的中层管理人员，现在李喜然已经有了自己的一家印刷公司，也有了自己的生产基地。

李喜然之所以能够成功，是因为他懂得坚持。一个想要成功的人，只要坚持自己的选择，那么就能够实现自己的愿望，最终让自己取得成功。所以说，不管是在生活中还是在工作中，都要学会对自己负责，而坚持自己的选择就是对自己负责的表现。

有的人会说生活就是充满荆棘的小路，你再躲着也有可能踩到荆棘上，如果你能够强忍着疼痛，继续前进，那么你很有可能遇到治疗伤口的药材，在痛苦之后总会有甘甜，在困境之后总会有灿烂阳光。不要让自己的内心被眼前的困难吓倒，要在挫折面前正确面对自己的选择。

做什么样的选择永远是自己的事情，不要总是摇摆不定，摇摆的心绪是最浪费时间和精力的。虽然别人的意见或者是建议也会影响到你自己的思想，但有些事情是需要自己做决定的，没有必要总是问别人怎么看待，在自己选择的道路上要学会坚持，不要让自己因为妥协而放弃坚持。

一只蝴蝶喜欢上紫色的花朵，但是它就见过一次，所以它四处寻找着紫色的花朵。它飞了好远，看到的都是红色的花朵，在它的记忆中，紫色的花朵就在前方，于是，它不顾一切，飞向前方，虽然在途中有暴雨袭击，途有大风狂吹，但是它还在继续前进，寻找着紫色的花朵，最终，在美丽的草原上，它看到了整片的紫色花朵，通过自己的坚持实现了理想。

一只蝴蝶为了自己心中的梦想，为了自己的选择，坚持在逆境中飞翔，寻找着。最终，它实现了自己的理想，这就是坚持的力量。

我们经常会说坚持到最后的才会是胜利者，同样地，在你前进的过程中遇到困难在所难免，一个人的生活往往就是困境和顺境所组成的，你既然拥有了顺境，那么必然会经历逆境，如果你能够在顺境中坚持前进，在逆境中敢于拼搏，那么最终你的成功也就不再是一件难事。一个成功者，往往能够坚持到最后，即便结果是失败的，结果并不是自己想象得那么好，但是只要是坚持了一切都会变得美好起来。

人生抉择就是一个坚持的过程，坚持的力量或许只有坚持的人才能够感知得到，如果你不知道自己的身边有多少机会，那么你也不会实现自己的成功，因此要学会坚持自己的梦想，即便自己的梦想是别人眼中的不可能，但是自己也要抱有希望，让自己的梦想变得更加可能。

如果你已经做出选择，如果你已经认准前方的道路，那么就不要放弃，就要学会从自己出发。坚持，坚持，再坚持，即便是在实现选择的道路上，遇到再多的坎坷，也要坚持到底，最终让自己的梦想开花，让自己的选择结出果实。

在美丽的背后或许会有无尽的悲伤，在伤心之后或许会有委屈的泪水，如果你感受到了痛苦，不妨留下坚强的泪水，让泪水冲淡一切，然后面对自己眼前的困难勇敢地前进，当你爬过冰冷的雪山，或许你能够感受到明媚的阳光，最终，你会感受到自己的选择原来是那么的美好。

稳定心态，转身也要绚丽多彩

心绪影响健康，如果一个人的心绪总是十分杂乱，那么必然也会影响到你的工作和生活。在生活中，只有拥有良好的心态，才能够做出更好的选择，如果你的内心总是处在一个杂乱或者是紧张的状态之下，那么你就要学会将自己的心态时刻调整好。

如何能够时刻让自己的心态保持在稳定的状态下，那么也就能够实现自己的愿望。说到心态，那是一个人能否成功的关键，比如说当你十分镇定地面对眼前的选择的时候，或许你会做出更好的选择。在选择面前，需要一个人镇定地去面对，更加需要一个人能够正常地去面对，这就要求你能够拥有一个稳定的心态，这样在转身的时候也能够感受到绚丽多彩。

在你面前或许是一个火盆，也或许是一潭死水，但是，如果你能够摆正自己的心态，不要紧张，也不要害怕，那么你就能够迈过那个火盆，或者是蹚过那潭死水。所以说要有不畏困难的心态，这样你才会感受到自我的突破，才会更加有信心，要知道信心也是十分重要的，如果你能够对自己的生活充满信心，那么你在选择面前，也会变得很勇敢，就像是一个斗士。

或许你的选择就是你转变的机会，或许你能够通过这个机会获得自己的成功转型。但是，即便是这样，你也要学会让自己变得理性和冷静，一个冷静的人能够犯更少的错误。就像那句大家耳熟能详的话，"冲动是魔鬼"，很对，冲动是魔鬼，不管是在什么时候，冲动就是魔鬼，它会摧毁即将到来的机会，会冲毁一切。所以说不管在什么时候，不管自己遇到什么事情，都不要冲动，保持好自己的心态，让自己拥有转变自己的机会，在转身的时候你会发现绚丽的阳光依旧。

梁小乐大学毕业后应聘到一家外企，成为了一名平面设计，但是在刚开始工作的时候，因为自己是新人，难免不受老员工的理解，于是她只能选择沉默。记得一次，自己设计的作品得到了领导的认可，但是自己同一个小组的成员却说这是她的作品，最终，公司给了对方这个月的奖励，虽然她很气愤，但是没有办法，她知道只有自己保持冷静，才能够得到发展的机会。

第二次，当她设计出来好的作品的时候，她直接将作品拿给了领导，当然，得到了领导的肯定，领导十分认可她。最终，她成为了这个设计小组的组长，得到了更好的发展机会。

每个人都有自己成功的方式，如果梁小乐没有稳定自己的心态，在同事霸占自己的劳动成果的时候，她冲动地反击，那么很可能会受到处罚，也很可能会给自己的领导留下不好的印象。因此，要时刻保持一个良好的心态，让自己不会因为眼前一时的不快而放弃自己的选择。

一个良好的心态，不仅仅只是具备了理智，更重要的是能够为别人着想。很多人觉得选择自己需要的，是不用在意别人的感受的，其实不是这样的，在很多时候你的选择必然要涉及其他人，因此在你选择的时候一定要在意自己身边的每个人，这样你会发现自己选择的机会会很多。

如果现在你处在逆境中，或许你会因为自己的失败而让自己的情绪变得低落，但是没有关系，要知道这并不仅仅是你一个人的表现，要让自己的人生变得更加精彩，那么你就要明白自己想要的是什么。同时为了自己的成功而努力，如果这个时候你能够坚持，那么最终的成功一定属于你。学着稳定自己的思想，稳定自己的情绪，让自己的情绪变得更加有利于自己的成功。

情绪往往会影响到一个人的前进，如果你能够保持积极主动的情绪，那么你会看到自己所走的道路是多么的精彩；如果你不能够让自己的道路变得更加精彩，那么你就要想想是不是不良的情绪影响到了自己的前进；如果你发现自己在不恰当的场合拥有了不恰当的情绪，那么最终你想要实现自己的成功也不会是一件容易的事情。在适当的时候寻找到属于自己的快乐，最终你会发现自己的成功就在身边。

一个真正的成功者，往往是一个心态平衡的人，他们思考问题往往是很圆满的，他们不会偏激地认为某个人不好，更不会因为一件事情而结束与所有人的交往。如果你能够认识到这一点，那么最终你就能够实现自己的快乐，在人生的旅程中，你需要拥有一个平衡的心态。如果你能够让自己的心态达到平衡，那么你就能够稳定自己的心态。即便你失败了，也不会因为一次的失败放弃美好的明天，也不会因为一次的失败放弃属于自己的梦想。

一个真正能够做到稳定自己心态的人，往往是一个智者，他们懂得人与人交往的智慧，他们懂得事物之间的联系，因此，他们观察事情总是能够从全局出发，自己的所有成功，也就是从全局出发的最终结果。他们思考问题，往往不会将自己的思想定位到一个点上，而是会想尽办法将自己的思维拓展，为了自己的未来而奋斗，在他们的心中，只有自己的梦想才会值得去拼搏，他们不会为了一点点的小事情而与别人斤斤计较，因此，这样的人在转折的时候往往能够感知到自己存在的价值，同时也会让自己转折成功，转身遇到更加适合自己的明天。

花儿迟早会开放，雪花迟早会飘落。因此，不要着急，要保持良好的心态，这样你才会拥有更多转身的机会。当你面对自己转身的瞬间的时候，你要让自己内心充满勇气，告诉自己"我就是一名斗士"，在你成功的时候，你会发现绚丽的阳光温暖地照射自己，或许自己的转身是那么充满魅力，或许自己的心态铸就了自己的成功。

拥有更好选择的秘诀

每个人都希望自己的选择是正确的，或者说没有人希望自己在选择之后后悔，因此就要想方设法让自己选择成功，那么心态当然十分重要。当你在选择的时候一定要保持自己良好的心态，或许你的心态是帮助你转变自我的关键因素之一，如何能够保持好良好的心态，就是关键所在。稳定自己的心态，在转身的时候，你会发现绚丽多彩的阳光时刻也没有离开你。

谁说回头路不可以重新走

在生活中，经常有人言"好马不吃回头草"，因此大家一致认为只要是吃回头草的马匹，就一定不是好马。但是事实上这并不是一个真理，那么接下来就让我用一个接一个的事实和案例来给你论证一个理论吧，那就是，回头路也可以重新来走。

每个人生的阶段过后，你或许都会抽出时间来回想，看看自己曾经走过的路是不是会留有遗憾，即便是你留下遗憾了，你也会告诉自己遗憾就是遗憾，是再也没有办法挽回的。但是要知道在很多时候，你的遗憾也可以在当下挽回，你也可以将自己的遗憾变成是自己美丽的转身，在你决定走回头路的时候，你也能够将自己的遗憾化解，让自己不再遗憾。

　　当你决定走回头路的时候，首先会面对一定的压力，要告诉自己以前的遗憾或者是以前犯过的错误自己是不能再犯的，不管是在什么时候，你都要知道这是个事实，如果你无法挽救自己以前的遗憾，那么你的回头路上也许还会出现同样的遗憾，所以说回头路不好走，但是并不代表不能走，走回头路，一样也是你的一个选择，如果你能够在恰当的时候选择这条回头路，最终你会发现回头路是一个不错的选择。

　　案例一：

　　李万江是高中毕业，后来和刘江民一起创业，在创业的开始是十分艰难的，但是两个人从来没有害怕过，经过两个人两年的努力，他们的印刷公司业务不断多了起来，经过几年的发展，企业也越来越大，但是渐渐地两个人出现了矛盾。

　　矛盾的起源是如何来管理公司，李万江希望公司能够朝着更加正规化的方向发展，而刘江民觉得现在公司还没有必要谈管理，需要的是更多的业务，如果能够将公司规模扩大，那个时候再谈管理也不晚。因为这些矛盾，两个人渐渐地开始了争吵，最终李万江决定离开公司，自己到外面经营自己的事业，但是创业不是一件简单的事情。李万江经过了两年的打拼，还是一事无成。刘江民因为人际关系很广泛，经营的企业也越来越好，但是这个时候，他发现管理成了一个很关键的问题，但是管理正是刘江民不擅长的，于是，他想起了自己曾经的创业伙伴，刘江民找到了李万江，表达了自己的愿望，他希望李万江能够重新返回公司，帮助自己经营管理公司日常的事务。

李万江不知道自己该不该回去，但是经过再三考虑，他还是选择了回到自己曾经待过的地方，在这里，他开始施展自己的管理能力，经过半年的努力，他让公司的管理和业务变得更加顺畅，很快自己也成为了这家公司的高层管理者。

回头路不是不可以走，在你走回头路的时候，或许你能够让自己多一个选择的机会，在这个选择面前你或许会犹犹豫豫，但是没有关系，最重要的是，你能够明白自己为什么要选择走回头路，在这条回头路上自己拥有什么，能够变成什么样的人。所以说不要在意自己曾经拥有的痛苦，或许你在这条路上伤心过，也或许你在这条道路上失败过，但是最关键的是，你能够让自己勇于改变伤心，走出伤心，最终实现自己的成功。

案例二：

刘佳欣在高考中落榜，一气之下，她选择了外出打工，她感觉自己没有信心再复读，所以她希望自己能够去赚钱，经过她十年的拼搏，终于，她成为了一家制衣企业的老板，这个时候她选择了学习。

她放下了自己的企业，转手让别人去经营，而自己却在家复习打算重新参加高考，很多人不明白她为什么要这么做，因为人们都认为，她拥有了足够的物质资本，没有必要去考取大学，但是，她希望自己能够走完这条回头路，弥补自己曾经的遗憾，这样她才会感觉到自己生活的价值。

最终，她成功地进入了大学校园，在大学中，她积极表现，和其他人一样，最终成功地完成了自己的学业。

很多时候，在别人看来你走回头路是没有什么意义的，但是在你自己看来是十分有意义的，或许说不管是在什么时候，你都能够让自己的生活获得更多的价值，这也许就是为什么刘佳欣选择回头、选择去上大学的原因。回头路不是不能走，要学会在合适的时候和合适的地点选择转身回头，这样你才能够让自己获得更多的成功。

有些时候，如果你想要走回头路，其实也未必不可。因为你需要给自己一次机会，也需要给别人一次机会，或许这次机会就是你成功的关键，在人生的道路上，只要能够让自己快乐，或者是说能够让自己感受到自己存在的价值，那么你就应该选择，做出自己的选择其实并不是一件简单的事情，如果在这个时候你能明白这一点，你就能够实现自己的成功。所以说不要认为回头路只是一条死路，没有取胜的一点可能，要知道如果在回头的路上你得到了很多的进步，那么最后你也会收获很多。回头，你会看到不一样的风景，那么在不一样的风景中，你需要掌握的就是让自己在其中得到快乐。

谁说回头路不可以走？在合适的时候你可以选择转身，或许在你转身的瞬间你能够感受到自己的成功和自身的价值。选择走回头路没什么可耻，也不是一件没有面子的事情。因为这只是一个选择，一个自己的选择，不要想得过多，只要是对自己或者是对自己在意的人有利的事情，那么你就可以走回头路，让自己在转身的时候遇到自己想要遇到的，完成自己没有完成的梦想，这并不是一件坏事。

拥有更好选择的秘诀

你是否有自己的选择？即便是回头路也是可以尝试重新来过的。在生活中，回头遇到幸福的事情很多，所以说回头的瞬间你可能会发现美丽的花朵，在回头后，你或许也会看到自己在乎的人。这个时候最重要的并不是这条路自己是否走过，而是自己能否在回头的路上找到自己遗失的美好，实现自己未能实现的梦想和看到自己未能看到的阳光。

中篇　舍弃火的炙热，成就冰的坚强

193

转变思想，努力成功

随着时代的转变，我们的思想也应该有所转变，你一定看过穿越题材的电视剧或者是小说，如果你要一个唐朝的人活在现代，那么许多事对于他们真是难以想象，在他们的眼里，或许我们经常看到的汽车就是怪物，或者我们吃的菜肴就是毒药，或许我们的穿着就是不伦不类。这就是说，在不同的时代人们的思想是不同的，因此，想要实现自己的成功，就要让自己学会转变思想对待成功。

在这个社会上，不是所有的事情都是如你所愿的，相反，在很多时候，事情的发展往往是不如人意的。所以说在这个时候你就要想办法改变自己。如果你改变不了外界，那么你只能改变自己。而改变自己的第一步就是要转变思想，一个人的思想很重要，如果你能够让自己的思想顺应事情的发展，那么你就能够很快得到你想要的或者是达到你的目标。在选择面前也是一样，如果你能够让自己的思想转变，然后你会发现自己的选择就是成功。

不管你想要什么样的选择，都不要让自己的思想和事物的发展不相符，每个人都会有自己的思想，但是在事物的发展面前都要学会转变思想。如果你的思想转变得跟实际相符合的时候，你就能够实现自己的发展和获得让自己成功的机会。

不过思想不是说转变就能转变过来的，在很多时候一个人的情绪往往会左右一个人的思想，如果你控制不好你自己的情绪，那么你很有可能会让自己变得偏激。在这个时候，即便你希望自己获得更好的发展，即便你希望自己做出更好的选择，也会因为你的情绪而让自己失去选择的机会。所以说在选择的时候要先控制自己的思想，从而让自己做出更好的选择。

一个人的思想如果能够顺着事物的发展而转变，那么就能够获得更多成功的机会，不管你是否能够成功，最重要的是你能够实现最终的梦想，一个人不管选择什么，最重要的是能够让自己从选择中获得欣慰和快乐。如果你能在考虑事情的时候，从别人的角度出发，那么你会感受到事物发展的两面性，你也就能够获得成功的机会。

世界上有一种昆虫，它没有眼睛，但是它总是会朝前走，一直走到它碰壁之后才会调转方向，但是不管是怎么调转方向，它都能够找到自己的家。这种昆虫不管在什么时候都能感受到自己的家在哪个方位，它在碰壁之后懂得转变方向，即便是转变方向也总能够找到自己的家。

这小小的昆虫，即便是没有眼睛，但是凭借着自己的感觉也能够找到属于自己的家。人也应该做到这样，即便你不能够看到社会的变化，那么你也应该先学着转变自己的思想，让自己的思想得到更大的进步，如果你能够认识到这一点，那么最终你就能够实现自己的成功。

人也应该如此，当你在转变方向的时候，你要明白自己想要的是什么，在选择的时候，你要知道自己的转变是为了找到自己的"家"，而不是无谓的转变。在你能够转变自己思想的同时，希望你能够让自己感受到一丝丝的快乐。最终，也能够实现自己的成功。

随着社会的发展，在很多时候，你必须要转变自己的思想，这样才能朝着成功努力。一个人的心态十分重要，如果不管做什么事情，你都能够有一个良好的心态，那么你也就能够实现自己选择的成功。所以说一个人的心态往往是决定自己成功与否的关键因素之一。

心态固然重要，但是没有目标的转变是不行的，如果你不知道自己想要什么或者说不知道自己做事情的目的是什么，那么即便在做事情的过程中遇到了困难或者是挫折，你也不会主动去转变自己的思想。相反，你可能会选择更加固执地坚定自己的思想，最终，让自己遍体鳞伤，所以说要想让自己做出更好的选择，那么你就要实现自己的成功选择。

在这个变化的社会中，一切都在发展，如果你的思想不跟随时代的发展，那么你会发现自己的思想已经脱离了社会，自己的人生也必将会被边缘化，所以说你要学会在适当的时候转化自己的思想，让自己的思想紧跟时代的潮流，最终实现自己的进步，只有这样你才能够让自己得到更多的机会，从而拥有更辉煌的未来。每个人的人生都是不一样的，但是不管是怎样的人生，只要你懂得跟随社会的脚步，那么你就不会被落下。

要想转变自己的思想，你就要敢于去认识世界，敢于去认知世界，尤其是认识自己周边的一切，因此这个时候你就要放远自己的眼光，让自己的眼光中充满快乐。每个人的人生都不会是一样的，但是不管是什么样的人生，你所需要的就是让自己变得更加快乐。如果你能够认知世界上的新鲜事物，那么你会发现自己的人生中充满激情，自己的生命中也会存在不一样的光彩，最终自己的成功也将会变成必然。

每个人都有每个人的价值，你的选择也要有价值，这样你才能够让自己获得更多的成功。所以说要想实现自己的成功就要学会转变思想，朝着自己的方向出发，赢得成功。

拥有更好选择的秘诀

你的思想转变得有多快，你的成功就有多快，所以说不管在什么时候，只要你想要实现自己的梦想。就要善于抓住事物的发展规律，让自己取得更快的飞跃，最终实现自己的梦想。每个人的思想都可能有落伍的那一天，因为世界在不停地变化，社会在不停地发展。但是，如果在不同的事情面前你能够更好地转变自己的思想，那么你就会找到自己成功或者是找到自己选择的机会。

本章小结

　　刹那间的转变会带来截然不同的结局，在不同的时候，要想做出更好的选择，就要掌握一定的技巧，而这些技巧并不是每个人都能够总结出来的。

　　刹那间的峰回路转需要的是勇敢的心态，在苦难和挫折面前能够让自己勇敢绽放微笑，同时当你遇到挫折的时候，要学着转变自己的思想，这样才能找到通向成功的捷径。人生中都会有几次重大的转折，只是看你是否能够抓住这些转折的机会，在转折面前要学会坚持和等待，稳定自己的心态，最终实现自己的转变，不要错过转变的机会，试着做出适合自己的选择。

下篇

无悔昨天选择，坦荡应对今生

第七章　选择真实自我，不受外界干扰

第八章　选择转变视角，心绪云淡风轻

第九章　在不断总结中，找到归乡之路

第七章　选择真实自我，不受外界干扰

　　很多时候人们会因为外界的干扰而让自己有所改变，甚至不惜改变自己的"本性"。要知道这样的改变没有必要，毕竟每个人的生活都是需要自己去经营的，所以不管在什么时候，不要受到外界的干扰。如果你想要实现自己的最终成功，那么你就应该让自己摆脱外界对你的干扰，选择属于自己的人生道路。

选择不过是人生的必然

或许你十分重视你眼前的一切，不管是什么样的人生抉择，哪怕是一点点的风吹草动，你也会十分小心，很注意自己的决定是否会影响到自己的成功，因为你十分在意你周围的一切，在意一件事情或者是一个选择有没有错，但是当你过分在意你的选择的时候，你可能会被这件事情束缚，最终，你会失去这个选择的机会。

不管你做出怎样的选择，你的人生不管是什么样的，不管你的生活是精彩还是平淡，不管你的生活是困苦还是富贵，时间都会一秒一秒过去，你都在慢慢地变老，就像是一棵大树到了秋天，叶子会一片片飘落一样，最终你会发现那些过往不过是自己人生的必经之路。

不管过程如何，结果是注定的，所以说，如果你有远见的目光，那么你就能够看到事情的结局，最终让自己在选择的时候变得很轻松。一个心胸宽广的人，不管是在做什么事情的时候，都会做得很淡定，在遇到事情的时候，他们会淡定地处理，这种心态是不会受到外界的干扰的，最终也会实现自己内心的向往。

每个人都会有每个人的生活，不要总是羡慕别人的生活，更加不要因为自己的生活不如意，而让自己的心态失去平衡，这样一来，你就失去了你选择的价值，你的生活是用来过的而不是用来攀比的。所以说没有必要因为对别人生活的羡慕而对自己的生活充满怨气或者是怨天尤人，要知道不管生活如何，生活最终是用来过的。

用心去经营你的生活，最终你会发现自己的生活是那么的精彩，不管是在什么时候，你要知道自己的生活不仅仅是看到的那么简单。选择也不会太过简单。但是也不要因为选择的重要性而给自己施加压力，最终你会发现自己的选择其实是人生必然会经历的，自己的生活就是那么的简单。

我们经常会看到这样的事情发生，某某高三的学生，因为高考失利而选择自杀，其实很多时候，在孩子选择高考之后，他们的父母就会给他们施加压力，让他们感觉自己的选择就是唯一，选择高考就是自己唯一的出路。因此，他们不能够失败，也没有理由失败，从此内心总是背负着很大的压力，最终将这个事情的结果看得很重，一旦自己的愿望没有实现，那么就无法承受打击，最终心态就很容易失衡，做出偏激的行为。其实如果将高考看作是人生的一个过程，只要自己经历了就是一种成功，只要自己选择了那么也就没有必要因为结局的不如意而心态失衡。

李珊珊在大学毕业后，没有找到自己喜欢的工作，于是她就下定决心去报考了国家的公务员的考试，在这段时间中，她一心去复习，希望自己能够取得成功。

　　但是结果往往并没有想象得那么好，李珊珊在初试中取得了很好的成绩，她很顺利地进入了复试的现场，但是因为她的心情过于紧张，她当时表现并不好，因此没有取得复试成功，最终也没有能够实现她当公务员的理想，事后，她十分沮丧，将自己关在家中很多天没有出门，父母看到这样的李珊珊很是担心。

　　通过李珊珊的例子可以看到，很多时候一件事情的成功并不像你想象得那么简单，不是只要你付出了努力就会成功的，因为还存在很多外在的因素，所以说如果你想要实现自己的成功，就应该认识到这一点。要知道这些努力就是你的人生必经之路，在你的人生中，这些都是必须要经历的阶段，只要你经历了，能够面对自己的失败或者是挫折，那么这就是一种成功。

　　每个人都会有自己的选择，但是不管你做出怎样的选择，这个选择都会是你生活必须经历的，在你经历之后，你再回头看看自己的生活，会发现自己其实可以做得更好，更加没有必要因为自己选择得不尽如人意而变得消极。在一个人的内心，积极的心态是十分重要的，不管是在什么状态下，只要你能够有一个好的心态，将自己的选择都看成是人生必须经历的，那么你也就能够实现自己的愿望，最终实现自己的成功。

不要过分在意选择本身，毕竟它是你人生必经之路，你不可能会逃离也不可能跨越，所以你只能接受，在你接受的时候，你更没有必要背负负担，最终你会发现自己做出的选择竟然是那么的简单，自己要的结局竟然能够那么快实现。

拥有更好选择的秘诀

你走的是一座独木桥，前方的路十分重要，但是你只有经过这座独木桥才会踏上前方宽阔的路，所以说在这个时候，你就要学会让自己感受到选择的体验，在这个时候，你就要摆正自己的心态，天天看着花开，就要能够意识到花落，这是必然的结果，人生也是如此，结局就在那里，选择还会那么让你难以抉择吗？

人生难有完美结局

什么是完美？世界上有没有完美无瑕的东西，如果你认为一件事情能够或者是一个人是完美的，那么就证明那件事情或者是那个人有缺陷，完美就意味着缺陷，世界就是这样，不管是再美丽的花朵，都会有飘落的那一天，不管是再绚丽的彩虹，都经不住阳光的照射，不管你处在什么样的环境中，也不管你的生活多么幸福，你的生活都不会完美无缺，因为缺陷有的时候就是一种完美。

缺陷也是一种美，灿烂的阳光正因为乌云的存在才会变得那么令人渴望，高山之所以吸引人是因为它的陡峭，昙花之所以能够让人们难忘是因为它的刹那绽放。缺陷是每个事物都会有的，正是因为缺陷的存在，你才会感受到事物的完美，如果没有了缺陷，那么也就没有完美的存在，你正是感受到了缺陷，你才能够感受到事物的珍贵，有的时候正是因为缺陷才有了珍贵，如果你看到的事物都是缺点，那么你是无法实现自己的成功的。相反，如果你认为什么事物都是完美的，那么你最终也无法让自己得到自己想要的结局，每件事情都没有绝对，选择也不会太过完美，正是当年看到了不完美，你最终会发现缺陷就是自己想要的完美。

当你一个人行走在沙漠中的时候，你需要的是水和干粮，或许这个时候你看到的沙漠永远是干热和恐慌，当你具备了足够的水和干粮，再拥有一匹骆驼，那么你可能会感受到沙漠原来是那么美丽和宽广，所以说很多时候你看到的缺憾在另一种心态和环境下就是一种完美和美丽，世界上没有完全的美丽和完美，更加没有一无是处的事情，不管这件事情多么地不合你的心意，不管这个问题多么地让你为难，你不得不承认，美丽依然存在，善良依然存在。

每个人都有自己想要实现的东西，而上苍不会让所有人都如愿以偿，因此，即便是再美好的事物，也会有缺憾。如果你觉得世界上最美好的东西就是实现完美，那么你永远是无法实现自己的这个愿望的，因为没有什么事情是完美无缺的，也没有什么样的结局是没有缺陷的，这就是事物的发展规律，是任何人无法改变的规律和事实。

当你第一次和李明亮接触的时候，你绝对不会想到这么有能力的人竟然曾经有三年的时间是在监狱度过的。李明亮是一家私企的老总，他的企业每年的纯利润可以达到一个亿，但是没人想象得到，他曾经的生活是怎样的，在他初中的时候就结识了社会上的小混混，不久之后，他就辍学了，辍学之后他天天和人打架，学会了抽烟，学会了逛夜店。后来终于因为打架斗殴而被抓进监狱。

在他刚出监狱的时候，他感觉所有的人都很排斥他，认为他就是一个不良的人，那个时候，他想要找到一份工作极难，但是他没有放弃。

现在，经过努力他拥有了自己的事业，成为了人们羡慕的人，但是就像是他说的："我感激我在监狱的生活，那段时间让我明白自己想要的是什么，让我知道自己的人生已经有了污点，但是这就是自己的标记，在以后的生活中，自己正是因为拥有这个缺点，让我认识到自己必须更加努力。"李明亮正是因为人生的缺陷而让自己后来的人生变得更加精彩。

你要想实现自己的成功就要让自己适应这个规则。世界上没有完全一样的两片树叶，同样地，世界上也没有完美无瑕的碧玉，所以不要期待自己的选择有完美的选项，更加不要对自己选择的选项抱有过多的幻想，如果你过分幻想自己的完美结局，那么你的选择必然不会完美，没有完美的事情，也没有完美的结局，完美都是相对的，正是因为缺陷的存在，你才会感受到美丽的存在。

对比自己身边的人和事，有没有一点也没有缺陷的？我们经常会这样评价一个人"如果某某某能够长得更高一点，那么他就会更帅了"，上天为一个人打开一扇窗的时候，会关上一扇门，所以说上天是公平的，他不会将所有的缺陷都附加到你的身上，也不会将所有的优点都安排给你，他会将缺陷和完美都施加给你，这样你会发现缺憾也就是一种美丽。

再完美的小说也有不尽如人意的地方，再完美的人生也有遗憾和后悔的存在，再生动的歌曲也不会达到所有人的满意，所以世界上没有完全的美丽，也没有彻底的丑恶。即便你追求的是一个完美的结局，你追求的是一段完美的感情，你追求的是一生完美的胜利。因此，不要太在意完美，要学会珍惜现在的拥有，从不完美中感受到生活的激情，从不完美中感受美丽生活的乐趣。没有人的人生是一点缺憾也没有的，也没有人的人生是一文不值的，所以说不管在什么时候，都要记住自己的梦想，即便梦想有缺憾，但是也要坚持到底，选择属于自己的人生道路，最终你会感受到生活的乐趣，感受到自己人生抉择的价值。

在人生中完美只是相对的。你可以拥有相对的完美，相对的幸福，但是不是绝对的。每个人都会面临不同的人生抉择，要知道每个人的人生抉择往往都不是自己所能够决定的，因此，不要过多地奢望拥有完美的结局，要学会努力，只要努力了就好，努力了本身就是一种成功。

世界上有那么多美丽的花朵，但是各有各的不同，所以不要期望自己的选择是完美的，更不要期望自己选择的结果是没有错误的，不管是在什么时候，你都要知道自己想要的是什么，自己期望的是什么。所以说想要做出更好的选择，最好的办法就是让自己明白自己想要的是什么，让自己明白自己内心期望的是什么，每个人都有每个人想要的结果和选择，但是有的时候选择遗憾就是在选择完美。

拥有更好选择的秘诀

从不同的角度去思考问题，你会发现不同的结局，但是不管结局如何，你都会发现这并不是完美的，世界上并不存在绝对的完美。但是也不存在绝对的缺陷，要知道有的时候缺陷就是一种美丽，如果你能够看到美丽的存在，那么你也就能够实现自己的成功，没有什么事情是绝对不可取的，也没有什么事情是绝对正确的，所以要想做出更好的选择，就要知道缺陷代表着完美的存在。

今天的雾气怎能影响明天的阳光

俗话说得好，该忘记的就要忘记，不管曾经你遇到了什么样的事情，也不管曾经的事情对你的成长有多大的打击或者是多大的帮助，该忘记的时候就要忘记，一个人不能总是活在回忆当中，不要让昨天的事情影响到今天的前进。

一个成功的人总是希望自己的内心充满阳光，同样地不管你曾经遇到了多么黑暗的事情，你都不应该气馁，不管是在什么时候，都要大胆地去前进，即便在这个过程中你十分辛苦，也不管你在这个过程中多么受伤，过去的终究是过去的，要看到未来的光明，不要因为昨天的黑暗而失去探索未来光明时刻的机会。

不要让时间都浪费在无谓的回忆中，要学会让自己重新振作起来，最终实现自己的成功，每个人的生活都需要一次次重新构建，如果你能够让自己明天的生活更加美好，那么就没有必要沉浸在今天的痛苦中，要知道痛苦终归是会过去的，而自己应该勇敢地面对自己的未来，自己想要实现的也只有在未来才能够发生。

不同的人都会有不同的追求，尤其是当你不知道如何去做的时候，你要知道自己想要的是什么，尤其是在选择的时候，要知道自己选择的是什么，即便曾经自己选择失败过，也不要因为曾经的失败而不敢做出同样的选择。这个时候更要大胆地去选择，只有这样你才能够达到自己内心所期望的结果。

张志东大学毕业后打算自己创业，这个时候他发现自己的朋友们开网店很赚钱，于是也打算自己开家网店，但是因为张志东没有任何开网店的经验，更重要的是他不知道市场需求，于是也跟风卖起了化妆品，然而一直不见盈利，时间久了，他发现自己还是经营不好网店，最后只好选择放弃。

后来，他不经意间问一个朋友开网店的事情，经过和朋友们的谈话，他发现自己开网店毫无优势，因为自己既没有经验，也没有任何特点，经过朋友们的指导和帮助，最终，他选择在自己的家乡开了一家化妆品店，这个时候他经过对市场的调查和了解，最终将自己的化妆品店经营得很好，在一年内就将本钱收回了。

不管是在什么时候，都要想方设法让自己走出昨天的困境，或许你会因为昨天的失败迷茫，但是不管怎样你都要知道自己的

下篇 无悔昨天选择，坦荡应对今生

迷茫只能是属于昨天，不要让昨天的迷茫影响到自己今天的成功，更加不要因为昨天的失败，对自己今天的选择失去信心。没有人知道你想要的是什么，更没有人理解你想要的是什么，最关键的是你能否让自己获得更好的选择。

自信，这是一种人生的力量，不管是在什么时候，一个自信的人总是会面带微笑，即便是遇到自己不知道如何去做的事情的时候，也要知道自己内心想要的是什么。所以说不管在什么时候，你都要自信地去面对，尤其是在自己选择的时候，更加要自信，不要因为以往的选择而放弃自己今天的选择，更加不要因为昨天的失败而不敢去做出选择。一个自信的人总是会在总结昨天失败的教训之后，忘记昨天选择的痛楚，而让教训来帮助自己实现今天的选择。

什么样的人才是成功的人，这个问题或许很难回答，但是成功的人都有一个共同点，那就是在选择的时候都会十分地勇敢。同样地，他们从来不会逃避自己曾经的选择，即便是遇到再大的困难，只要是自己想要的，他们会大胆地做出选择，更加不会因为昨天失败的选择而让自己今天变得不知所措，所以说不要让昨天的失败影响到自己今天的选择。

如果昨天天降大雾你不敢出门，而今天阳光明媚你还在回忆昨天的大雾弥漫而不敢出门欣赏美丽的风景，那么你最终是不会实现自己的愿望的。要知道每个人有每个人想要的生活，不管是在什么时候，都不要因为昨天的失败而放弃今天的选择，更不要因为今天的迷茫而影响明天的前进。

今天或许你还处在困境中，或者说你还处在挫折中，但是要知道今天总会成为昨天，今天的失败总会成为历史，因此，不能只将自己停留在今天，不要让自己的目光变得那么短浅，要知道今天总会过去，明天总会到来。今天即便是大雾弥漫，明天太阳依然升起，你不能够因为今天的短暂失败，而让自己的人生失去了方向，更不要因为自己今天的胜利让自己的人生变得盲目，要知道人生的道路上，有的只是向前看，失去的就是昨天的事情。

每个人都有权利来选择属于自己的生活和人生道路，要知道每个人的人生道路就是一条坎坷的山路，有上坡的时候就有下坡的时候，因此，即便你今天处在下坡的道路上，你也要明白，今天的道路只是人生中的一部分，不要因为今天的低落而影响了明天的美好，更不要因为暂时的失败，而对自己的人生失去了奋斗的激情。所以说人需要的是自信，不自信的人往往会因为一次失败而被击垮，甚至会对自己的梦想和理想产生怀疑，因此要做一个相信自己的人，相信自己的人生没有错，相信自己的明天会变得更加美好。

人有的事情应该忘记，不该牢记的就不要记得，要知道不管是在什么时候你都要明白自己内心希望的是什么，如果你能够坚定目标，那么不管自己曾经做出了怎样的选择，也不管结果如何，都会实现自己曾经的梦想的，这就是你的选择，是适合你的选择。

拥有更好选择的秘诀

人的一生需要很多的选择，或许你曾经的选择让你今天感觉到很失败，也或许你曾经选择正确而让你今天过得很富有。但是不管是你曾经失败过也好，还是成功过也好，该忘记的就要忘记，不要总是让自己曾经的失败阻挠自己今天的选择，也不要让自己曾经的成功而阻碍自己以后的选择，要知道选择就是机会，抓住今天的机会，就是在让自己前进。

坦然接受，只求问心无愧

做事情什么最重要？其实做事情"心"最重要，在你做事情之前，你要问问自己的心，自己这样做是不是会让自己内心有所安慰。如果让自己内心得到满足就要坦然接受，接受一切，在你接受的时候，你或许会享受一切，不管你接受的是什么，是痛苦还是喜悦，是悲伤还是幸福，只要做到问心无愧就好。

不管做什么事情，要想做到问心无愧似乎不是一件简单的事情，不管是做什么事情，首先要问自己的良心，不要为了达到自己的目的而阻碍别人的成功，更加不要因为想要实现自己的成功而损害别人的利益。

坦诚地接受自己的失败，即便是自己遇到很大的苦难，即便自己失败了，也要坦诚地接受这个结果，不要逃避，更加不要推脱责任，不管是在什么时候，责任是不能够推脱的，所以说这个时候你要大胆地去面对，大胆地做出选择，最终实现自己的成功，做到问心无愧。

坦诚地对待你曾经的失败，或者是你所做的事情，这一点十分重要，不要让自己逃避眼前的事情，同样地，当你做出选择的时候，尽量不要损害他人的利益，不要自私地为了实现自己的目的而损害他人的利益，更加不要用卑鄙的手段去实现，这样你会发现自己的成功是那么的美好，即便是失败了也不会感觉到遗憾。

目前大学生能够找到一份自己喜欢的工作不是一件容易的事，杨艳和李楠都是幸运的，她们得到了一次很好的面试机会，是一家外企来学校招聘，她们都参加了面试，如果最后的面试能够通过，两个人就会成为这家外企的工作人员，同样地，也会得到很好的发展，所以说两个人都很重视这次面试。

但是，当考官问到两个人如果只能留她们其中一个的时候，两个人都不知道如何去回答，后来，杨艳说："希望贵公司能够录用我，虽然我和李楠是好朋友，但是她身上的缺点很多，她不适合应聘现在的岗位，所以希望贵公司能够选择我。"而李楠却回答："竞争是难免的，不过在贵公司问这样的问题的时候，已经权衡好了利弊，已经有了答案，不管贵公司能不能录用我，我想我不会感觉到遗憾，因为我已经努力过了，希望贵公司能够以公司的利益为重，然后选择是谁离开。"

结果可想而知，李楠被录用了，而杨艳最终没能进入这家公司，杨艳不知道自己为什么没有被录用，随后问考官自己哪儿不合格，考官回答道：一个人的品德，才是我们的首选。

杨艳之所以没有通过面试，是因为她为了实现自己的目的而不惜损害自己好朋友的利益，为了实现自己的成功，不惜让自己的好朋友当作垫脚石，可想而知哪家公司喜欢这样的员工。不管你最终的选择如何，也不管是在你的工作中还是在日常生活中，都要做到问心无愧，这样你才能够实现自己的成功。

一个勇敢的人，往往不会选择逃避自己的人生，更不会逃避自己选择的道路，只要是你选择的道路，那么在最后你就会实现你的成功，如果你不懂得去真正地接受这一切，那么最终你实现的也不会是很多。每个人的人生都是不一样的，在你的人生中难免会出现这样或者是那样的困苦，这个时候你如果选择了逃避，你会变得更加痛苦，甚至到最后你会发现其实自己已经无路可逃，如果你选择坦诚面对，接受上天安排的痛苦，将这种人生的苦难当作是对自身的一种磨炼，那么最终你会发现自己的生命会更加地有意义。所以说勇敢的人是不会逃避人生中的痛苦的，每个成功的人都希望自己拥有成功，而每个失败的人都害怕自己再次失败。如果你是一个勇敢的人，那么就让自己坦然地接受一切，接受生活中的磨难，最终实现自己的成功，成就自我，让自己的人生变得更加顺利，每个人的生命都是有限的，而一个人要想让自己实现属于自己的成功，那么最终只能够选择坦然地面对一切。

你不可能做到每件事都面面俱到，但是你肯定能够做到问心无愧，只有做到问心无愧，那么最终你才能够实现自己的成功，大胆地去面对一切，只求问心无愧就好。

拥有更好选择的秘诀

要想做到问心无愧，就要学会成全，成全别人就是在帮助自己，当你做出选择之后，要懂得成全别人，如果你的选择伤害到别人的利益，那么你就要学会让自己通过正常的或者说正确的竞争手段去赢得竞争，最终实现自己的成功，不要用不合适的手段去赢得自己的选择，如果是这样你回想起来也会感觉到内心有愧，所以说要学会坦然面对自己的失败，做出问心无愧的选择。

执着于事物的内在之美

　　不管你做什么事情都要看到事物的本质，所以说要看到事物的内在美，不要只看事物的外表，很多时候事物的外表只是假象。如果你按照外表办事情，那么很有可能你会失去自己前进的方向或者是自己前进的动力，最终你会失去掌握事物的大局。

　　看事物要看到本质，不要被事物的外表所迷惑。选择也是一样，当你面对几个选择不知道如何去选择的时候，你要努力地看到每个选择的实质，这样你才能够实现自己的成功选择，做出选择之后，你才不会后悔，所以要执着于事物的内在美，让事物的内在美帮助你做出更好的选择，最终实现你的成功。

　　美丽的外表，往往是人们喜欢看的，在很多时候，美丽的外表总是会阻碍一个人看到事物的实质部分。所以说不管在什么时候，你都要明白实质是什么，这样你才能够抓住事物的实质，最终通过对实质的认识做出恰当的选择。

于佳宇是一家公司的小职员，在她刚进入公司的时候，感觉自己的同事们都很好，尤其是帮助自己了解公司的关丽娜，但是时间久了她发现每个人都有每个人的心思。

记得放年假的时候，公司给每个人一份礼物，有毛毯，也有床上用品，当然大家都希望要毛毯，因为毛毯的质量很好，而于佳宇当然不知道毛毯的价位高，当就剩下一条毛毯的时候，于佳宇已经拿到手了，但是关丽娜却说毛毯的质量不好，顺手将自己手里的床上用品给了于佳宇，然后自己拿着毛毯回家了。

通过这件小事，于佳宇明白了关丽娜的为人，虽然她平时口头上说得很好，但是做起事情来很自私，从那次之后，于佳宇不再从表面看事情，更加不会因为别人的言语而相信别人。

内在美往往是一个人希望达到的愿望，是事物的本质所在，如果你能够抓住事物的内在美，那么你才能够实现自己的成功，如果你只是沉浸在事物的外在表现上，那么不管在什么时候你都不会成功。不管是在工作中还是在生活中，都要看到事物的内在实质，这样你才能够实现自己的选择。

在生活中你更加应该看到事物的本质，也就是看到事物的内在，不要只是将自己的注意力停留在外在美上，就像是去商店买东西，不要总是挑一些外表美丽的，因为很多时候外表美丽的往往实用价值不高，所以要选择真正实用的。生活中的琐事也是如此，要从事物的实质出发，这样你才能够让自己获得更多选择的机会。

事物的内在美往往很重要，不管是做什么事情，都要执着于事物的内在美，如果你总是将自己的目光执着于事物的表象，那么最终你会发现自己追求的其实很肤浅。在一个人的人生中，我们需要的是找到属于自己的快乐，如果你能够找到属于自己的幸福，那么最终你就能够实现自己的成功，同样地，在你的人生中，你需要的是真正的快乐，而真正的快乐往往来自内在美，而不是单纯的外在的表现。

　　当然，内在美不是你一两天就能够看出来的，也不是你一下子就能够修炼成功的。如果你想要实现自己的成功，那么你就要学会成就自我，找到属于自己的成功。当然，内在美也有很多的表现形式，你可以通过这些表现形式来观察对方的内在美。内在美常常表现在语言上，一个拥有内在美的人往往语言是坦诚的，你从他的言语中能够感知到他是一个坦诚或者说是真诚的人，要知道真诚的人往往能够感受到对方给自己带来的快乐。因此，坦诚的言语往往是内在美的表现，如果你能够抓住这一点，那么最终你就能够实现自己的成功。再者，表现在行为上，一个具有内在美的人，他们的行为往往是有礼貌的或者说是懂礼节的，一个人如果能够和别人和睦相处，用自己的礼貌去和别人交往，这样的人往往身边拥有很多朋友，同时，他们在困难的时候会得到别人的帮助，别人困难的时候，他们也会主动去帮助别人，这就是一个拥有内在美的人的表现。

　　一个有魅力的人往往会有内在美，如果没有了内在美，那么他们的人生也会变得十分乏味。当然，如果你不注重自己内在的修炼，那么最终你的成功将会成为一个泡影。内在的才是最真实的，外在的往往是一种表象，我们看到的不一定是真实的，但是我们能够感知到的也许就是真实的，只有内在美才会装扮你的人生，让你的生命充满希望。

无论是在生活中还是在工作中，你都要处理好自己与周围人的关系，而关系的实质就是内在的，而不是表面的东西，表面的现象往往不能够代表事物的内在。所以说不管在什么时候，你都要以事物的内在美为依据，最终实现自己的完美抉择。

拥有更好选择的秘诀

罂粟花外表十分美丽，不管是在什么时候，你都不会想到这么美丽的花朵竟然是毒品的根源所在，如果你了解到罂粟花的实质，那么你或许不会觉得它是美丽的。人也是如此，很多人外表十分光鲜，但是实质上却并非如此，所以说不管是对人还是对事，都要看到事物的实质，这样你才能够做出更加适合自己的选择。

下篇　无悔昨天选择，坦荡应对今生

别让双眼蒙骗了自己

　　我们经常会听到这样的说法"眼睛是一个人的心灵之窗"，我们也会听到这样的说法"眼见为实，耳听为虚"。所以说在很多时候，我们会认为一个人只要是看到的就是真实的，不管别人如何解释都会觉得不是自己掌握真实情况的依据。不管在什么时候，你都要找到依据，即便是自己亲眼见到的，也可能只是一场滑稽的误会。

　　误会常常会发生，并且大部分的误会都是发生在自己的眼皮底下，很多时候你看到的就是误会而你却认为这是事实，因为你觉得只要是自己看到的就是真实的，但是你却不知道有一种假象叫巧合，当巧合出现的时候，可能就是一场亲眼所见的误会。所以说不要太过于相信自己的眼睛，要知道自己的眼睛也会骗人。

　　不管是在电视中还是在电影中，我们经常会看到这样的情景，男孩和女孩在谈恋爱，但是无意间女孩看到男孩和自己的前女友拥抱在了一起，或者是两个人走在了一起，这个时候女孩会很生气，因为她认为自己的男朋友喜欢上了别人或者说认为自己的男朋友和别的女孩还有关系，可是事实并非如此，而是男孩的前女友因为发生了什么事情才来找自己的男朋友帮忙。这就是一个亲眼所见的误会，在误会面前，他们都会认为自己所看到的就是事实，所以才会让误会变得更加复杂。

不管是在生活中还是在影视中，误会往往就是因为眼睛，也就是亲眼所见的误会，在很多时候亲眼所见的误会就是你所谓的事实。所以说要想办法克服自己眼睛造成的误会，要想明白自己看到的是事实还是误会，就要学会寻找事物发生的依据，如果你能够找到事物发生的依据，那么你也就能够实现自己的成功选择，减少误会的发生，最终你能够分辨出自己眼前发生的事到底是误会还是事实。

做事情都要有根据，而人们习惯用自己的眼睛去寻找根据，但是他们没有想到自己知道的根据在很多时候是不能够成立的，因为你的眼睛很有可能欺骗你，要想分清自己眼前的是事实还是假象，你就要了解事情的来龙去脉，这样你才能够明白自己想要的是什么，明白自己看到的是否是事实。

郝冉冉和自己的男朋友闹分手，原因很简单，就是她看到了自己的男朋友和自己的好朋友抱在了一起，当郝冉冉看到这一幕的时候十分伤心，因为一个是自己很要好的朋友，一个是自己的男朋友，所以她决定和男朋友分手，也决定和好朋友断绝朋友关系。

但是她万万没有想到的是，自己看到的并非是自己想象的那样，自己的男朋友之所以会拥抱自己的好朋友是因为好朋友喝醉了酒，男朋友出于好心也可以说是因为郝冉冉的关系，才抱好朋友回家的，所以说当郝冉冉知道这件事情的来龙去脉之后，感到十分后悔，后悔和男朋友提出分手。

　　做事情不能单纯地相信自己眼前看到的事情，要学会通过自己的大脑去思考，认真想想这件事情发生的原因，这样你或许会看到事物的实质，最终找到事物发生的根源，而不是只看到事情的一个片段。

　　不要让你的眼睛欺骗了你，更不要让你的眼睛成为你犯错误的帮凶，要知道生活中难免会出现错误，在你发生错误的时候，或者是看到别人发生错误的时候，要学会用心去体会，用心去感知。要知道，错误或者说是误会在很多时候都是因为自己的双眼，你看到了很多不真实的东西，从而让你产生了误会，你的人生给你开了很大的一个玩笑，那就是让你相信了表面的东西，而没有扪心自问，问问自己的内心，自己看到的是否是真实的。在人生的道路上，你会遇到很多的诱惑，而这些诱惑往往会让你失去判断的能力，如果你能够让自己的内心帮助你去辨别诱惑，那么你会让自己的人生少走很多弯路。在一个人的生活中，你需要抉择，但是在做出人生抉择之前，一定要问问自己，找到最真实的选项，做出最适合自己的选择。

拥有更好选择的秘诀

"眼见为实"不一定是人生的真理，因为眼见往往也能产生误会。所以说要学会分辨自己看到的是否是事实，要想分辨清楚就要找到事物发生的依据，这样你才会做出正确判断。每件事情都可能会有隐情，而这种隐情在很多时候你也不可能通过肉眼简单地观察出来，所以说这个时候你就要学会让自己寻找到属于自己的快乐，不要让你的眼睛蒙骗你。每件事情的发生都是有理由的，所以说不要只是信赖自己的眼睛，有时候你的眼睛会欺骗你的内心。

本章小结

　　真实是最难能可贵的，如果你在选择面前能够保持真实的自我，那么你已经不简单，因为一个人能够真实地面对自己的内心，那么就能够真实地面对自己的选择，最终也能够真实地选择自己的目标，当然要想真实地面对自己的选择，就要学会摆脱外界的干扰，让自己做出真正属于自己的选择。

　　在选择的时候，很多东西是不必在意，因为选择只不过是你人生的必经之路，不管是成功也好，失败也罢，这都是你必须要经历的，即便是你成功了，完美的结局必然也有遗憾存在，即便是你今天失败了，也不要让今天的失败影响到明天的前进，要知道做事情只求问心无愧就好，所以说在选择的时候，要执着于事物的内在美，最终找到事物发生的根源，不要让自己的眼睛欺骗了自己。

第八章　选择转变视角，心绪云淡风轻

　　每个人思考问题的方式都会有所不同，如果你的思维和现实发生碰撞，而你不知道怎么去选择的时候，你就要学会转变自己的思考角度，让自己的视角变得更加宽广。学着转变视角，让自己用新的眼光或者从新的角度出发，让内心得到新的洗礼和激励，最终你会达到属于自己的成功。

逆向思维，顺势抉择

在生活中，难免会遇到不顺心的事情，或者是不知所措的事情，这个时候要想法让自己的心情变得平静，然后要学会逆向思维，所谓的逆向思维就是要反过来想想事情的本质，如果是涉及自己的事情，那么就要学会从别人的角度去思考问题，这样你才能够更好地理解对方，最终你会发现不管是多么困难的事情，对于自己来讲都不再是一件难事，选择也会变得更加简单。

人生就像是一条河流，河流中的水永远都不会逆流，更不可能停下来不流动。人生也是一样，过去的日子不会复返，你要学会对你所做的事情负责。

选择的时候要经过仔细地思考，尤其是当你做出选择之后，不管结果如何，你都要反向地去思考一下，这次的选择自己做得好的地方在哪儿，自己做错的地方在哪儿。如果你的选择达到了某种效果，那么你就要反问自己这样的效果自己是否满意，如果你发现这样的效果不是自己想要的，那么就要想自己想要的效果为什么没有达到。如果你能够反向思维，那么即便你选择失败了，你也能够让自己想出应对的办法，最终做出一个成功的选择。

马靖宇22岁开始创业，到现在已经十年的时间，他的公司已经成为了省内的大公司，每年的纯利润也有几千万，这个企业是他一手操办起来的，所以在做任何决策的时候，他都会小心翼翼，因为他不想因为自己一时的冲动，毁了自己辛辛苦苦经营的企业。

在公司人员的惩处上也是如此，他不希望公司的员工犯错，但是，如果犯错了就必须要惩罚，工作出色也必然会奖励。记得一次，他让自己的司机去准备5箱名酒，司机因为着急，就从一个小店里买了5箱酒，总共花费5万多，但是在请客户吃饭的时候，品尝出这酒不是真酒，这样一来就让公司损失了几万元。

马靖宇知道这件事情之后十分生气，让他生气的并不是损失了这几万块钱，而是因为这个司机在买酒的时候根本没有任何的手续，所以导致上当受骗之后连卖酒的人都不承认，这让公司处于被动的状态。马靖宇又反向思维，这件事并不一定是坏事，这让他知道了手续的重要性，此后，他要求公司所有的人在处理工作的时候都要走完整的手续，这样才能够少出纰漏。同时，想到如果这些钱让那位司机一个人赔偿也不可能，他虽然很生气，也只是对司机做出了扣发奖金的处理。

要学会从反向的角度去思考问题，一件坏事不一定没有任何好处，就像是上面的例子一样，虽然公司损失了几万块钱，但是这件事情让马靖宇知道了办事情要完整，做事情要有起码的手续，这样才能够少出纰漏，所以从这个角度来讲，这未必是一件坏事。

如果一个人在做事情的时候能够从反向思维，将事情想清楚，那么任何事情处理起来也会变得容易，每个人都有每个人希望过的生活，顺势处理事情，往往会让你的选择更加适合。当你反向思考完事情之后，你会发现自己的选择其实是一件很好的事情，不管最终你做出怎样的选择，都要顺应形势。

逆向思维要求我们学会从另外的角度出发，要学会让自己换位思考，因为在生活中很多事情并不是像你想象得那么简单。同样，对于不同的人来讲，他们的能力是不同的，一件事情即便对方失败了，只要从他的能力去衡量，那么失败也是可以理解的，因为一个人的能量就是那么大，要学会从对方的能力出发，从对方的思维出发，就要学会让自己的思维变得更加活跃，如果你能够考虑到别人，那么最终你就能够得到属于自己的快乐，实现自己的幸福。

顺势处理一些事情，不要逆向处理。因为很多事情的发展都是有它内在规律的，事物的规律往往是客观的，如果你违背了事物发展的规律，那么最终你的成功就无从谈起。很多时候你可以学着逆向思维，同时，学会顺势处理，只有做到顺势处理，最终你才能够实现自己的快乐。

逆向思维往往能够让你看清事物的发展脉络，你的人生道路上会出现各种各样的坎坷，也会出现各种各样的困难，那么这个时候你就要学会让自己去顺应形势的发展，把握前进的规律，让自己的人生道路变得更加顺畅。

拥有更好选择的秘诀

每个人都希望自己能够做出更好的选择，但是选择的结果不一定就能够顺应你的意愿，当选择的结果出来之后，你要学会反向思考，即便你选择成功，也要想想自己做得不足的地方，这样你会发现其实自己能够做得更好。当然，如果你反向思维之后，要做出选择了，这个时候就要顺应现实，顺势抉择才能够让你的选择更加适应外界环境，才能够更适合你的发展。

用旁观者的心态看待结果

俗话说得好"旁观者清",同样一件事情发生在你自己身上和发生在你旁边的人身上你的认识是不同的,或许你选择的解决方法也是不同的,有时一件事情发生在你身上的时候,你会不知所措。但是如果发生在你身边人身上,你会想出各种办法,所以说不管发生什么事情都要保持局外人的心态,来处理发生在自己身上的事情。

或许你会说自己的事情怎么可能会心平气和地去对待,即便能够心平气和地对待,也不会当作是别人的事情,所以自己是无法从别人的角度出发的。在生活中,我们会遇到各种各样的事情,在遇到事情的时候我们往往会显得很慌张,这个时候你就要想尽办法不让自己总是处于慌张的状态,学会用旁观者的眼光来看待发生在自己身上的事情。

如何用旁观者的思想来考虑事情呢?首先你要学会换位思考,就是说发生一件事情的时候,你要学会站在别人的角度去思考问题,这样你才能够让自己看清事物的发展方向。每个人都是一样的，在很多时候，你或许不知道自己想要什么，在选择面前你更不知道自己怎么去做，最终，你会发现自己想要的或者是自己想要选择的已经错过。要想明白自己想要选择的就要学会让自己找到自己想要的，那么就要学会换位思考，站在别人的角度来思考自己的问题，这样你才能够做出更好的选择。

每件事情都有它产生的结果，当你遇到不顺心的事情或者是不如意的结果的时候，你要想办法从别人的角度去思考，那么最终你会发现自己的成功将是一件简单的事情。

在生活中，不管做什么事情心态都很重要，如果你选择之后，结果不尽如人意，那么你就要学会从其他的角度去思考，这样你会发现自己的事情其实并没有自己想象得那么困难。比如说，当你站在别人的角度去思考问题的时候，你会有不一样的认识，会看到自己失败的原因，最终你会明白自己该怎么来选择。

不管在什么时候，你都要想办法让自己的思绪保持清晰，尤其是在做选择的时候，更要让自己保持清晰的头脑，如果你能够认清自己的选项，那么你就能够做出适合自己的选择。

如果生活是一座城墙，你的城墙始终会围绕着你，如果你想要看到城墙内的东西，你就要站在墙外，只有墙外的人才能够看到墙内全部的风景，不管是在做什么事情，都要看清楚自己拥有的是什么，最终你才能够想尽办法让自己的路更加清晰，让自己墙内的花朵开得更加鲜艳。

刘雪梅大学毕业后进入了一家私企，因为学的专业是法律，所以在选择工作的时候，她选择了在私企做法律顾问，因此工作起来也算是得心应手，不管公司发生多大的法律纠纷，她都能够想尽办法去处理，对于她来讲凡涉及法律的事情其实很简单。

　　但是，当事情发生在自己身上的时候，她竟然不知道如何是好。在自己的家庭遇到财产纠纷的时候，她竟然不知道怎么做，她不想伤害自己的亲人，但是也不希望父母伤心。于是，她只能请教自己的朋友，朋友们说只要她能够摆正自己的心态，从局外人的角度去考虑问题，那么就能够很快想出办法。

　　涉及自己的事情最难办，刘雪梅学着从处理别人的案子上着手，最终将家庭内的财产纠纷处理清楚。

　　如果是发生在自己身上的事情，你很有可能会失去理智，尤其是不顺利的事情。在我们的身边，很多人是很优秀的，也很努力，但却不幸福也不成功，究其原因，很大程度上是思路不清，尤其是遇到困难的时候，不知道如何去解决，这个时候要想让自己的思路清晰，就要让自己保持平常心，不管是再好的选择，也要用平静的心态去面对，千万不要让自己的心态变得急躁或者是激动，这样很容易办错事情，也很容易失去办事情的理智。所以，在做出选择的时候要让自己站在局外人的角度去思考问题，最终你会发现自己的选择更适合自己。

　　或许你会说要做到用局外人的思想来思考自己的事情有些困

难，但是你要明白只有这样的思考方式才能够让你明白怎样才能够让自己找到最适合自己的人生道路，每个人的人生都不可能是一样的，同样每个人的内心世界也不可能是一样的，只有当你做出了更好的选择的时候，你才能够真正实现自己的成功。

不要总是依靠别人来为你分析，分析你的人生选择，分析你的生活。要学会自己为自己分析，自己做自己人生的规划，这样你最终才能够实现成功。

拥有更好选择的秘诀

平常心，是做好一切事情的关键，如果你做事情容易急躁或者是容易冲动，那么在很多时候你都会失去完成一件事情的最基本的条件。所以说不管是在什么时候都要保持平常心，如果你想要做出更好的选择，那么就要学会用平常心处理自己的事情，尤其是要学会站在旁观者的角度思考自己的事情，这样你会发现其实解决问题的方法有很多，只是自己不知道而已。

高傲是失败的助推器

　　不管是做什么事情，都需要有好心态，一个良好的心态对做一件事情来说是十分重要的，如果你没有良好的心态，那么最终你是实现不了自己的愿望的。尤其是在做事情的时候，不能够骄傲，成功之后，更加不应该高傲地对人和对事，因为不管怎么样，你都要明白这种态度对你是没有帮助的。

　　高傲是失败的助推器，不管是在什么时候，一个高傲的人是不会取得成功的，因为在他做事情之前他的心态就是不好的，所以说不管在什么时候，要想成功就要保持良好的心态，起码心态要端正。

　　即便你拥有了成功的机会，即便你拥有了成功的外在条件，但是因为你的心态不能够保持良好，或者说你不能够保持谦虚的心态，总是高傲地对待身边的人和物，你会发现你的朋友已经渐渐地离你远去，已经慢慢地疏远你。因此，你应该明白，其实不管在什么时候，只有做到平和，才能够让自己具备成功的基本条件。一个人的心态往往是事物发展成功或者是失败的关键，不要因为自己的高傲让自己等待已久的机会远去，更不要因为失败而让自己失去了奋斗的决心，每个人都希望拥有一切，但是不管是你拥有了什么，都不值得去向别人炫耀。

人在做事情之前最重要的就是学会尊重，尊重别人的同时也就是在尊重自己，不管是什么原因，你都要学会尊重你身边的人。不要因为一时的成功而忽视尊重别人，更不要因为自己的成功而觉得高人一等，你没有资格去看不起别人，因为不管是谁都会有优点，而只不过是你的优点得到了展现的机会。一个真正成功的人，不管是在做什么事情的时候，都会尊重身边每一个人，自己要学习的东西有很多，而高傲的人往往看不到别人的优点，而只是觉得别人做出的事情都很可笑，其实，他不知道真正可笑的是自己。

一个总是觉得自己很了不起的人，会四处张扬自己的优点或者是成绩，最终人们会发现这样的人其实也没什么了不起，所以说不管在什么时候，都要明白做事情首先要学会做人，而做人最根本的就是要学会把握自己的心态。好的心态往往能够让你达到好的办事效果，选择也是一样，如果你能够摆正选择的心态，那么你就能够更好地认识自己，找到自己的优势和劣势，最终做出最适合自己的选择。

李明宇的父亲是当地的房地产开发商，因此，他总是有一种优越感，感觉自己很强，不管是做什么事情，都会觉得是自己该得的，显得十分霸气。记得一次参加学校的运动会比赛，他擅长的是100米短跑，但是这次他没有拿到冠军，冠军被低年级的一个男生拿得，所以他内心感觉很不平衡，之后找人将这个男生打了一顿，最终这件事情被学校知道了。他却感觉无所谓，因为他认为只有自己才能取得第一。

李明宇这种高傲的态度，触怒了学校和被打学生的家长，最终，学校将李明宇开除。

在一个高傲的人看来，只要是自己想要得到的东西，就必须得到，不管是用什么手段，这就是高傲的人内心的弱点。同样地，高傲的人是看不到别人优点的，在他看来别人都只有缺点，一个成功的人总是能够谦虚地从其他人身上看到优点，学习别人的优点，实现自己的成功。

不管是在生活中还是在工作中，我们经常会看到这样的人，他们总是昂着头走路，不管是谁他们都不会放在眼里，在他们的内心自己才是最高贵的，其他没有人能够比得上自己，这样的人是永远不会做出适合自己的选择的。

一个人要想找到属于自己的选择，最重要的就是要认识自己，认清自己的性格或者是看到自己的优点和劣势，这样才能够把握好身边的选择，不然是不能够找到适合自己的生活的，一个高傲的人总是会对身边的事情或者是身边的人心怀不满，在他们看来都是别人的不对。要想取得成功，首先要摆正自己处理事情和与人相处的态度，一个人的态度是十分重要的，如果你总是感觉自己高人一等，那么你永远也不会得到成功。

谦虚往往会让你变得受人尊重，要知道在人生的每个阶段都可能会遇到各种各样的人，在你的交际圈中，也可能会遇到高傲的人，但是不管在什么时候，你都需要让自己做回自己，只有当你做回自我的时候，你才能够得到别人的欢迎，如果你天天摆出一副高傲的样子，那么没有人愿意接近你，也没有人希望接近你，即便你拥有再大的能力，你给对方留下的只有高傲，别人也会以为你在夸大自己的能力，当你真正做到平和待人的时候，你的能力即便是平庸的，那么因为你的为人被别人认可，最终你也会实现自己的成功。

拥有更好选择的秘诀

在生活中最重要的是尊重，不管是谁，你都应该尊重对方，要知道尊重对方是做好一切事情的前提，如果你不懂得尊重对方，总是用高傲的态度来轻视对方的存在，那么最终你是不会取得成功的。

不管结局如何，都要庆幸收获

当你做出选择之后，结局无非有两种，一种是你想要的，一种是你不想要的，而不管是你想要的还是不想要的结果，都是一种收获，当你无法改变结局的时候，就要学会改变自己的认识，要知道不管是怎样的结局，从另一个角度来讲都是一种收获。

你收获了多少？不管是做什么样的事情，回头想一想都是一种收获，在生活中，每个人的经历都是一种收获，因此，不管结局如何，都要庆幸自己收获了，如果结局是成功的，那么你收获的是喜悦，如果结局是失败的，那么你收获了教训。

时不时回头看看自己的人生，你会感受到自己生活中的喜悦，要知道每个人都希望自己能够实现人生的成功，但是不是所有的人都能够去回头看看自己的人生。很多人因为自己生活中的失败，所以不敢回头观看自己的人生道路，如果你能够回头看一看，你会发现自己的人生中已经有了收获，自己已经收获很多，只是自己没有意识到而已。

你生活了这么多年，到底收获了什么？你的生命中到底收获了什么，要知道你的收获往往能够让自己得到人生的满足，每个人的生命往往都是不一样的，只有经历了快乐，才会让你的幸福不断增长。而你要想经历属于自己的快乐，那么最重要的就是学会豁达，不管结局如何，你都会收获很多，清醒地认识自我，从自己的经历中学会更多，为下一步的成功做好准备。如果现在的结局是失败的，那么没有关系，从失败中汲取教训，保证下次同样的错误不会再犯，所以说你经历了什么就会得到什么，最终你就会拥有什么。

人生下来就意味着要死亡，所以说不管是生是死，都是注定好的结局，而你唯一能够做的就是经营好自己的人生，经营自己的人生本身就是一个过程，而这个过程的本质就是要明白自己想要的是什么，在生活中，一个人最可贵的就是能够让自己忘记结果，注重过程。其实人生就是一个过程，做事情要看重事情的过程，这样你才不会因为结果不尽如人意而伤心。即便是你想要成功，或者是你很注重自己选择的结果，也要明白自己想要的是什么，最终，即便是你失败了，也会感觉到自己收获到了东西，哪怕是失败的教训，这也是难能可贵的。

在一件事情发生后，必然会有它的结果，而结果就是结果，不要看得太重，很多时候结果是注定了的事情，虽然结果并不是每个人都能够想到的，也不是每个人都能够掌控的，而自己唯一能够掌控的就是从结果中获得东西，或许你获得的并不是你当时想要的，但是这些东西是你经历的，只要是经历了对你自身的成长就是一种意义。

今天你收获了什么？每个人的一天其实就是一个选择，你选择今天收获什么，在一天即将结束的时候，你会发现自己收获了多少。如果你发现自己收获了很多，那么最终你将会成功，如果你发现自己没有任何的收获，那么你可以总结这一天的感受，最终，从自己的感受中寻找突破，让自己在新的一天变得更加成功和收获得更多。

不管是你经历了什么，都要看到收获。其实很多时候，收获就是一种心情，收获一种心情就是一种成功，而当你失败的时候，你就要学会把沮丧转变成动力，让自己更加充满斗志，最终实现自己的成功。

失败是经常会遇到的，每个人都会遇到失败的时候，当你的选择失败的时候，要从失败中获得教训，从教训中寻找下一次成功的因素。如果你能够总结出经验或者是教训，那么在下一次选择的时候，你就能够让自己获得更多的机会或者是选择，最终你会获得新的成功。

李剑南在高考结束后感到自己考得不好，在成绩出来之后，正如他所料自己高考失利，没有考上自己理想中的大学，虽然他早预料到了，但是得知消息之后心里还是十分沮丧，他不知道自己接下来该怎么去做。但是经过一番思考之后，他决定要放弃上大学的梦想，最终他在自己的家乡开了一家玩具店，开始当家人知道他放弃上大学的时候十分反对，然而最终也没有办法。

李剑南的玩具店生意十分红火，三年之后，他开了自己的玩具制造公司，最终，他成为了一名成功的商人。李剑南回想到自己曾经高考失利的时候，发现自己之所以能够成功就是因为当时的失败激励了自己，最终让自己获得了新的希望。

在你辛勤的背后必然会有所收获，即便收获的是失败，那么失败的背后也会有一种促就你成功的动力，因此，不管是什么样的结局，都要乐观地面对，只有乐观你才能够看到值得自己学习或者是值得自己掌握的事情，最终你才能够得到自己想要得到的幸福。

每个人的经历都是一种宝贵的经验，无论在什么时候，你都要明白自己想要的是什么，当然，在人生的道路上，每个人的生命都是可贵的，如果你希望自己的人生变得丰富，那么你就要记住自己所经历的，从自己所经历的事情中汲取能量，让自己得到最终的幸福，当然，人生的道路往往并不是一帆风顺的，失败也会常常存在，但是要知道失败是在所难免的，失败的结局中也有值得你去珍惜的或者说是值得你去牢记的，那些都是你人生的精华，所以要学会庆幸自己的失败，学会庆幸自己的收获。

一个人的选择总会出现两种截然相反的结果，而自己在很多时候是没有办法改变这种结果的，如果一个人想要实现成功，就要做好失败的准备，最终从失败中获得自己需要的。如果一个人能够成功，那么最重要的就是学会从结果中看到收获。

拥有更好选择的秘诀

或许你十分看重事情发展的结果，或许你希望自己选择的结果都是成功和喜悦，但是要知道事情不会都如你所愿。这个时候你就要学会从中看到自己的长处，让自己获得更多的自信，自信的人往往是充满魅力的，你的个人魅力往往能够为你赢得更多的机会。要知道每个人的人生都不是一样的，而自己的人生需要自信作支撑，因为自信能让你自己从失败中获得成功的机会和积累，最终找到适合自己的选择，实现自己的成功。

兴奋之余看看其他的路

成功是每个人都向往的事情，当然成功也是需要付出努力的，要想让自己成功就要选择规划好自己的路。当然，选择是成功的关键步骤之一，在选择的时候，你要知道自己的路该怎么走，如果你能够选择成功，那么你距离成功也不会太远，当你选择成功后，你或许会很兴奋，这个时候不要忘记看看其他的路，或许其他的路有更加适合你的。

不管是在生活中还是在工作中，我们经常会遇到成功之后喜极而泣的人，他们可能是因为太长时间没有成功过，也可能是因为自己期望的成功太久才来到，所以他们感觉很高兴，这个时候往往会忘记自己还有其他的选择，或许他现在的成功只是自己成功的一半，更或许如果能够选择其他的路，他能够得到更大的成功。

希望，就像是一块田地，你不知道它能长出什么样的庄稼，但是你会在自己播种下的第一天就幻想这块田地生长出苗壮的庄稼，秋天到来时能够收获累累。选择也是一样，当你准备选择的时候，或许你就在幻想着自己能够成功，在有结局的时候你很希望自己能够得到更多，这就是你的希望，至于结果是不是你想要的，那恐怕只有你自己知道。不管在什么时候，要想让自己得到更多的选择，那么就要多看看自己身边的路，看看自己身边的路是不是更加适合自己。即便现在的你感觉自己已经很成功，没有必要再拼搏，也不要忘记看看其他的人生抉择，或许你重新的选择能够让你感受到不一样的人生。

当你成功之后，千万不要被兴奋冲昏了头脑，当然在很多时候，有的人很容易被喜悦冲昏了头脑，做出一些让自己后悔的事情，或者是错过更好的时机，要知道成功和失败一样，只是一个结局而已，如果你能够这样想，那么你也就能够让自己获得更多的选择机会。

你是否在意过你身边的事物？或许你不曾为你身边的一切想到过什么，也不曾因为自己身边的事物而感受到自己存在的价值，每个人的人生都是不一样的，要想实现自己的成功就应该为自己的生活付出努力，人生在兴奋之余要想得到更大的成功，那么你就应该学会为自己找到一条适合自己的道路，只有你找到了一条适合自己的人生之路，你才能够感受到成功的喜悦。

　　人生就是一张答卷，里面全是选择题，而不同的题又有着不同的选项，如果你看不清选项的内在含义，那么你很有可能会选择错误。由此可见，你在做每一道选择题的时候都要看清选项，能选择更好的选项，就不要因为自己一时的失误而选择失误，更加不要因为自己一时的冲动而做出让自己后悔的选择。

　　张晓晓大学毕业后，听从父母的安排进入了一家国营企业，每个月挣3000块钱，当时她感觉十分满足，起码自己的生活很安逸，不用像其他朋友那样因为租房子而头疼，自己挣的钱也够自己一个人花。所以说，她很满意当时的选择，从而也就没有思考自己是否还可以做出其他的选择。

　　两年之后，同学聚会，她发现自己的同班同学有的人在辛苦地创业，有的人虽然挣的钱不多，但是做着自己喜欢的工作，而自己还是那么一天接着一天地做着无聊的事情，虽然自己的工资不算低，但是并没有感觉到工作的乐趣，当她将自己的感觉吐露给朋友的时候，朋友问她为什么不做出新的选择？凭着张晓晓的文笔，她足可以进一家杂志社，当一名成功的编辑。

听了朋友们的建议，回家之后，她开始思索决定辞去工作，最终，她找到了一份很适合自己的工作，在一家小杂志社当编辑，后来经过自己三年的打拼，她又进入了全国最有名的杂志社当编辑，做着自己喜欢做的工作。

张晓晓就是在感觉自己选择不错的时候，发现其实自己的生活是那么的枯燥乏味，最终辞掉了别人向往的国企工作，进入了寻找自己梦想的世界，这就是她的选择。如果她当初没有听朋友们的建议，或许，现在她还在过着别人看似羡慕、看似安逸的生活，但是最终她也不会感觉到快乐。

在生活中，像张晓晓这样的人很多，张晓晓虽然拥有别人向往的国企工作，但是她最终的选择是为了自己的梦想而打拼，最终，她放弃了原来的人生道路，选择了更加幸福的生活。人生就是这样，你所经历的可能是别人羡慕的，同时，你可能会羡慕别人的生活，但是不管是什么样的生活都需要让自己活得快乐，要知道一个人的生活需要的是快乐，而不是别人的羡慕。

如果现在你是成功的，那么你可能会被一时的兴奋冲昏了头，再也不思考自己更好的出路，不要这样做，原因很简单，因为你的成功相对于别人来讲可能就不算是成功，相信那句话"山外有山，人外有人"，不要让自己的思想停留在一个点上，更不要让自己只是停留在现在的成功上，不进步就等于失败。因此，在你兴奋之余，要想想你的幸福，或者说要想想其他的道路，这个时候或许你的眼前会更加明朗，对于自己以后的道路会变得更加清楚，如果现在的你不能够让自己得到更多自己想要得到的，或者说你现在正处在失败中，甚至是逆境中，那么你就要学会让自己成为一个更加乐观的人，不要垂头丧气，更不要失去前进的动力，要学会找到属于自己的出路，走出人生的困境。

成功也罢，失败也罢，最重要的是保持良好的心态，不管你所得到的结果是什么样的，只要你的内心能够保持好的心态，那么最终你就能够实现自己的快乐，在一个人的人生中，如果你能够实现自己的快乐，或者说你能够让自己保持好的心态，那么最终你就能够实现自己的重新选择。在你成功后兴奋的时候，你应该感受到属于自己的幸福，让自己找到更好的道路，从而实现自己的梦想，让自己的人生抉择变得更加完美。

不管你现在的选择是多么地成功，也不管你是多么地兴奋，都不要忘记继续寻找，寻找更加适合自己的路，因为在你选择的路旁边总会有其他的路，你可以看看另外的几条路是不是有更加适合你的，不要只是局限在一条路上不敢动弹，这样你最终会将自己困死。所以说，即便现在的你很成功，也要不时地看看其他的道路是不是适合自己。

拥有更好选择的秘诀

要想拥有更好的选择，就要善于比较，而比较就要寻找参照物，如果你没有参照物来参考，那么最终你是找不到更加适合自己的选择的。或许现在的你会觉得现在的生活很安逸，不需要重新来选择，但你不妨也看看其他你从未走过的路，如果你能够找到自己喜欢的路，那么为何不去尝试呢？

即便绝境悬崖，也不要怨天尤人

或许今天你遇到了很难解决的事情，也或许现在的你正处于危急关头，但是不管你遭遇多少苦难你都不要让自己抱怨。上天对待每个人都是公平的，它决定为你关闭一扇门的时候，会给你留一扇窗，上天是不会将你困在黑暗的屋子里让你窒息的。所以说，要让自己的心时刻充满希望。即便自己的生活是多么地煎熬，都不要让自己成为人见人怕的抱怨者。不要对所有的事情抱怨不停，不要怨天尤人。

我们的生活是五颜六色的，生活中也会出现黑暗的地带，但是这只是暂时的，因为黑色必然会被其他的颜色所代替，这个时候你就要学会让自己的内心变得更加坚强，不要总是抱怨太多，要知道一个总是怨天尤人的人是不会得到别人的喜欢的，最多只是得到别人的同情，如果你期望的只是别人的同情，那么你可以选择哀怨。

　　没有必要让自己变成怨妇，即便是你很伤心，感觉世界对你很不公平，也不要让别人总是听到你的哀怨声，没有人有时间来听你无尽地抱怨，更加没有人知道你希望得到的是什么，即便你总是抱怨，给别人带来的最终也不是快乐，每个人都希望跟一个快乐的人在一起，没有人希望自己从早到晚都和一个怨妇在一起。所以说，要想办法让自己快乐起来，而不是让自己天天愁眉苦脸地成为一个怨妇。

　　如果你觉得自己的生活很枯燥乏味，那么你可以想尽办法让自己的生活变得充实，但是千万不要选择向别人抱怨，抱怨过多，别人会感觉你很反感，而这个时候你就要知道不是因为你的生活让别人反感，而是你的抱怨，一个整天怨天尤人的人，是不会得到机会的，因为他的抱怨会将机会赶跑。所以说不管在什么时候，都不要轻易地去抱怨你的生活，即便是你不顺心的时候，也要告诉自己，这只是暂时的，不顺心的事情很快就会过去，要想让自己快乐起来，就要学会转变自己的思想和认识，从另一个层面去想事情，这样你会感觉到自己的选择是那么快乐，自己的生活也是十分快乐的。

每个人都会有每个人想要的生活，不要在别人十分开心的时候，向别人抱怨自己生活的无助或者是自己的痛苦，那样的话，你最终会失去你仅有的友谊。

怨天尤人的人是不会感觉到快乐的，一个永远不会感受到快乐的人怎么会给别人带来快乐，所有的人都希望自己身边的人是快乐的，但是，如果你无法给别人带来快乐也不要给别人带来烦恼。倘若你总是无休止地抱怨自己的生活，那么无疑是将自己的痛苦转嫁给别人，要知道没有人希望自己开心的生活受到别人的影响。

一个经常抱怨别人的人，往往是一个内心懦弱的人，在他们看来自己的失败往往是因为别人或者是外界，他们不懂得从自己身上找缺点，更不知道怎样从自己的内心求得更好的发展，他们选择的方式是喋喋不休地抱怨，永无止境地抱怨，要知道抱怨别人的最终结果是暴露自己，暴露自己的缺点，最终让你变得无法实现自己的梦想，要想让自己成为一个成功的人，就应该学会让自己懂得更多事物。人生的每个阶段都需要精心地去经营，当然，每个人都有每个人的缺点，因此改变自己的缺点，才是你求得成功的关键。既然你没有办法改变别人，那么何不改变自己，让自己更加适应社会的发展呢？这样最终你是会实现自己的进步的。在一个人的世界中，你拥有的往往不应该是怨天尤人，而是对自我的反省。

一个成功的人，总是在反省自己，而一个失败的人，总是在抱怨别人。因此，如果你想要实现自己的成功，那么你就要学会为了自己的成功而付出努力，让自己得到更多自己想要得到的，生活就像是一场戏，在这场戏中，你拥有了什么得到了什么，最终也只有你自己明白。你的人生抉择要你自己负责，即便你抱怨别人对你的置之不理，抱怨上天对你不够眷顾，抱怨亲人对你不够关心，但是要知道，这些都不是重点，重点是你自己是否努力，你自己是否学会了平和。

　　一个伟大的人是懂得全面思考问题的人，在他们的思想中，即便是因为其他人失败了，那么他们也会学会反省自我，他们会认真地去反省自己的缺点，最终，从自己的缺点上来改进自己，虽然他们可能会抱怨别人对自己的影响，但是绝非喋喋不休地抱怨个不停，更不会因为自己一时生气，而将所有的罪责强加到别人身上。伟大的人，总是能够全面地思考问题，他们会思考自己的人生所向，会思考自己的长远目标，会思考自己想要的是什么，他们宁愿花费很多的时间在思考上，也不愿意将时间浪费到抱怨上，抱怨不会让你的失败变成成功，抱怨也不会让你成为一个别人值得尊重的人。所以说从现在开始停止你的抱怨，不要让自己的抱怨再影响到自己的心情，调整心态，寻找到正确的道路，找到适合自己的人生，做出更加适合自己的人生抉择。

　　即使现在的你处在人生的低谷，即使你的生活让你感到很失望，那么你也不要将自己的心情完全抱怨给你身边的朋友，尤其是那些和你关系一般的朋友，如果你总是无休止地抱怨你的生活，那么最终你失去的往往比你抱怨的还多。

拥有更好选择的秘诀

每个人都会对自己的生活产生不满，每个人都希望自己在生活的时候能够有倾诉对象，这个时候你就要知道不是所有的人都适合当自己的倾诉对象，也不是所有的事情都能够拿来抱怨。所以说在生活中，你要想做出更好的选择，就要避免总是抱怨，尤其是不要整天怨天尤人，一个成功的人是不会将自己所有的痛苦抱怨给别人的，而是会想办法让别人因为自己感觉到快乐，这样的人才能够拥有更多的选择。

本章小结

　　一面是稳如泰山，一面是轻如鸿毛，只是看你如何思考。如果你能够转变看事情的方式，那么你会发现不管是在什么时候，对自己的选择都不会感到后悔。要想做出更好的选择，转变自己的心态很重要，要学会让自己从另一个角度去思考，最终你会发现成功将不是一件难事。

　　做出更适合自己的选择，往往需要具备很多的条件。首先要学会逆向思维，顺势处理发生的事情。不管在自己身上发生了什么事情，都要学会从局外人的角度去思考。同样地，即便你现在如何成功也不要让高傲的火焰燃烧掉你的成果，因为不管你选择的结果如何，都是一种收获，即便是失败也是一种收获，如果成功了要学会从另一个角度去思考，看看其他的路，但是不管结果如何，都不要后悔，更不要抱怨上天的不公，这样你才能够让自己获得更多选择的机会。

第九章　在不断总结中，找到归乡之路

　　人生难得的是回望自己走过的路，但是只要你回过头去思考，那么最终你是会找到值得自己留恋的东西的。人生重要的是不断地总结，只有在总结中才能够让自我感受到经历的价值，才能找到属于自己的人生之路。

教训是金，只有总结才能发光

当你回想到你曾经的经历的时候，或许你还是会感到伤心，因为很多经历往往会让你感受到自己的无助，给自己留下深刻的印象，尤其是那些让你失败的例子，很多人不希望回想自己曾经的失败。但是要知道回想曾经的失败的好处就是可以发现失败也是有闪光点的，如果你能够从失败中总结出闪光点，那么你也就能够实现自己新的突破，善于总结教训，你最终会发现成功原来也很简单，你会从以往的教训中获得成功的经验。

不管是过去还是现在，不管是伟人还是普通人，都会有失败的时候，同样地如果一个人能够总结出自己的经验和教训，那么你就能够明白自己的失败点在哪儿，最终在面对新的选择的时候规避这个失败点，最终成功就会在眼前。教训也是人生一笔可贵的财富，如果你能够利用好这笔财富，那么你也就能够实现自己新的成功，要知道教训就是价值，只有总结出价值，才能够利用好价值。

历史事件也是如此，曾经有人问为什么要学习历史，历史已经过去了，但是为什么还要学习，有什么是值得学习的，历史事件只要知道不就行了吗？可为什么还要让一代人接着一代人地学习呢？其实，学习历史的主要目的就是希望后来人能够看到历史，从历史事件中总结出失败的教训或者是总结出成功的经验，这才是为什么要学习历史的原因。如果没有看到古代的鸦片战争，那么人们也不会知道对外开放的重要性，所以说教训是金，总结出来才能够让金子发光。

一个人的选择也是如此，如果你不善于总结出自己的过去，那么即便你曾经失败过，当再一次遇到同样的事情也难免会失败，因为你从来没有看到失败中也是有金子的，你更加不会从失败中挖掘金子，再一次的选择也不会让你看到金子的存在。

或许现在的你，每天都在忙忙碌碌，忙着自己的工作和忙着赶前方的路，顾不上回头看自己曾经走过的路，即便是自己想要回头看看曾经走的路，你也会用没有时间来安慰自己，但是要知道没有时间只是你的一个借口，如果你没有时间来回头看自己曾经的路，那么你哪儿有时间来挖掘前方道路上的金子呢？当你回头看自己曾经走过的路的时候，你会发现很多时候，自己走了弯路，这个时候你就可以总结自己走弯路的原因，这样就可以避免在以后的道路上再次迷茫，下一次的选择也会变得更加顺畅，这就是为什么你要挖掘失败的金子，要学会用失败的金子来铸就今天成功的宝剑。

有付出，就有回报，但回报不一定与付出成比例，付出十成未必能收获一成，你要做的就是确定自己的方向到底正不正确，然后调整做事技巧，而让你转变的基础就是自己曾经失败的教训，如果你能够从自己曾经的失败中总结出教训，并且加以合理地利用，那么你自然而然地就能够让自己的选择取得成功，让自己的努力有所收获。

　　李建楠大学毕业后决定自己创业，开始他选择了在自己所在县城开一家 KTV，但是因为没有任何的经验，也没有足够的资金，最终以失败结束，但是他不甘心失败，经过调查，发现县城的消费水平完全没有那么高。于是，他决定开一家中型的饭店，价格适中，这样自然而然地就招来了很多的客人，再加上自己经营的饭店很有特色，所以很受人欢迎。

　　从这个例子中可以看到曾经的教训往往是下一次成功的经验，善于利用曾经的教训，你会发现自己已经拥有了成功的"黄金"。如果一个人能够正确地面对自己的失败，敢于总结出自己的经验和教训，那么在未来的路上也就能够实现自己的成功，在选择的时候不要忘记自己曾经的经验和教训，或许你会发现自己会做得更好。

　　如果现在的你失败了，不要因为眼前的失败而沮丧，要知道现在的失败仅仅是为了以后的成功。每个人的成功都不会是轻而易举实现的，因此，你就当现在的失败是为了下一次能够成功，在人生的道路上，你需要积累自己的经验，即便是失败了，也要找到属于自己的经验教训，教训往往比黄金还重要，因为这次的教训往往能够帮助你成就下一次的成功。

一个人只有经历了失败才能够变得成熟，如果你不能够经历失败，那么最终是无法让自己变得更加成熟的，要知道一个成熟的人往往能够运用自己的人格魅力让自己变得更加成功。每个人的人生是不一样的，如果你想要实现自己的人生辉煌，就要经历失败的考验，在失败之后，你不应该只是知道垂头丧气，而是要知道总结自己为什么失败，为什么自己就没有成功，这些都是要通过失败总结出来的，这样一来，你才能够保证自己以后不会失败。

在人生道路上，我们需要的不仅仅是遵从社会的抉择，更多的时候是总结自身，要知道没有人能够轻易成功，也没有人能够很简单地得到自己想要得到的成功。所以说不管在什么时候都要学会总结自己的经历，从总结中得到进步，让自己得到总结中的营养，实现最终的成功。

拥有更好选择的秘诀

每个人都想要成功，有些人不想回想自己曾经的失败，因为一次的失败就是一次的痛楚，没有人希望自己内心的伤口被一次次扒开，所以，他们会尽量不去回想自己曾经的失败，尽量不去挖掘失败的影子，但是失败中自有黄金，如果你能够从失败中总结出教训，让自己以后的路变得不再那么坎坷，这样你会发现失败也就是一次成功，选择也是如此，在你上一次选择失败之后，要善于总结，这样你会发现自己下一个选择是促成自己成功的关键。

破译误区的谜团

人生中难免会走入误区，误区很多时候就像是一个谜团，在谜团中挣扎的人往往会失去方向，但是，如果你很理性地去寻找破译的密码，那么你也能够很快走出误区，找到太阳升起的方向，找到属于自己的那条路，找到真正属于自己的选择，最终实现自己的成功抉择。

人生中其实有很多的陷阱，只是看你能否及早发现，如果你能够及早发现，那么你就能够绕过陷阱，最终实现自己的目标。如果你不慎跌入陷阱，那么你可能会很迷茫，这个时候你就要想尽办法摆脱困境去实现自己的目标，这样你才能够做出适合自己的选择。

　　一个圆满的人生，应该包括个人成就、财富与良好的人际关系。在迈向人生成功的路上，你面临无数次的选择，愿不愿意过一种积极的生活，这是你个人的选择。一旦你作出了选择，成功的机会就变得俯拾皆是。而每一次机会、每一次经验都是全新的开始，你都可获得不同的想法与人生体味。面对来自工作、家庭、生活、社会源源不断的挑战和压力，我们每个人都守着一扇可开启的"改变之门"，除了自己，没有人能为你打开这扇门，只要你愿意敞开心扉，抛弃私心杂念，多和朋友沟通，成功圆满就尽在你的掌握之中，所以说要想有正确的选择，就要走出人生的误区，最终看到光明的道路。

　　在我们的生活和工作中，经常可以听到有人发泄："这太不公平！"这是一种常见但又十分消极的抱怨。我们生活在一个社会里、一个群体中，一个社会必须有合理的法律、规则与道德标准等来相互约束，以维持一个良好的社会秩序。在我们的生活中，大家都习惯于时时处处去寻求一种公道与正义，一旦失去了公正，他们就会愤怒、忧虑或者失望。在苦难和挫折面前只会抱怨的人，是永远不会正确分析问题的，只有当一个人能够平心静气地去想问题的时候，他们才会看到打开谜团的密码，最终找到属于自己的路，找到真正属于自己的选择。

　　思想僵化的人、认为世上不公平的人，永远不会有很大的发展。这些人往往按早已习惯的思维方式和固定的眼光来看待一切，去干他认定的事情，缺乏自信和勇气。如果你充分相信自己，你就具备了从事任何事情或活动的信心与能力。一旦你敢于探索那些陌生的领域，才可能体验到人生的各种乐趣。所以说要大胆地去探索陌生的领域，在陌生的领域中，你或许会感受到无比地开心，最终实现自己真正的选择。一个人如果不敢去探索，那么怎么可能敢于面对困难，又怎么可能会让自己获得成功的密码。

在生活中，我们经常会听到"天才"这个称号，例如，贝多芬、萧伯纳、丘吉尔以及许多伟人，他们都具有一个共同的特征：他们并非仅仅精通一件事情、一个项目，更重要的是，他们从不回避未知事物，回避困难，回避矛盾。他们都是敢于探索未知的先驱者。在苦难面前他们能够用平衡的心态去探索自己的人生道路，即便是走入人生的误区，他们也能够让自己找到破译人生误区的密码，最终成功地逃离迷雾层层的森林，最终找到宽广的大道，实现自己的成功。

每个人都有每个人应该做的事情，一个对自己负责的人是不会选择沉沦的，尤其是在困难面前，如果你不想被困苦湮没，那么你就要想尽办法，找到属于自己的道路，这个时候最重要的就是摆脱内心的恐慌，大胆地去寻找属于自己的道路。

人生很多时候，都会因为外界的一些干扰，让你走入人生的误区，误区往往并不是你一个人能够摆脱的。在很多时候，你之所以会陷入人生的误区或者说你会陷入迷雾当中，是因为很多方面的原因，每个人都希望自己是一个成功者，很多人为了实现自己的成功，宁可选择急功近利，通过不同的方法来实现自己的进步，但是要想实现自己的成功，就要想办法摆脱人生的误区。

人生的误区，往往是因为你经受不住外界的诱惑而陷入其中的。在一个人的生活范围之内，会多多少少出现一些诱惑，这些诱惑往往会让一些贪婪的人中计，当然，在一个人的生活中，如果你能够真正实现自己的理想，或者说真正去认识自己的内心，那么这个时候，那些诱惑就会不攻自破，每个人的人生都需要这样的成功，人生中的每一次诱惑都不会是一种巧合。因此，如果你想要避免自己陷入人生的误区，那么就不要让自己的内心有贪欲的滋生，让自己摆脱掉生命中的各种诱惑，这样你的内心会得到一丝丝的平静，从而在认识问题的同时，才能够感受到自己存在的价值。

人生就像是一场戏，在不同的阶段都会有不同的经历，当然在戏剧的演绎中，你会经历失败的跌倒，而这个时候你需要的只是站起来继续，如果你因为一次的失败而怀疑自己的人生，怀疑自己的梦想，那么最终你会发现自己没有成功，因为当你怀疑自己的人生梦想的时候，你就很有可能已经走入了人生的误区，最终你是无法实现自己的成功抉择的。

你有什么样的选择？当你不知所措的时候，你怎么去选择？比如说在你的面前有两份工作，一份工作是你喜欢的工作，但是薪水待遇很低，另一份工作是你不喜欢的工作，但是待遇相对来说算不错，那么这个时候你会做出什么样的选择呢？对于有的人来讲，做自己不喜欢的工作就是一个误区，这个时候如果你想要实现自己的成功，那么你就要学会找到自己的选择，如果你工作的目的是快乐地生活，而不是单单因为金钱，那么你就能够做出适合自己的选择，这就是要善于找到自己的位置，找到破解人生误区的密码。

拥有更好选择的秘诀

什么样的选择才是更好的选择？答案不一，但是要想找到更好的选择，起码要摆脱人生的误区，少走弯路才能够节省时间，最终找到适合自己的方式达到自己的目的。即便你一不小心步入了人生的误区，那么这个时候你就要学会让自己镇定地去寻找走出误区的密码，如果你能够找到走出误区的道路，那么，你也就能够知道自己的选择是否是更好的。

选择对与错，都是一笔难得的财富

在选择的时候，你根本不知道自己现在的选择是对是错，即便你选择错了，你也无法挽回，很多事情，选择了就是选择了，没有改变的机会。这个时候你不要在意自己选择的对与错，要看到选择背后的价值。

每个人的生活都是一本书，当你掀开下一页的时候，你才知道这一页的内容是不是你想要的，里面是否精彩，但是即便是精彩的画面，也只有你掀开后才会知道，即便画面不够精彩，甚至不是你想要的结果，那么也无法改变。但是，即便你选择错了，也要知道这对于人生的智慧来说。也是一笔财富，这笔财富会帮助你实现自己的愿望，让自己获得更多的机会。

每个人的生活都十分地美好，不管是在什么时候你都要学会让自己的生活变得更加美好，而美好的生活需要你做出美好的选择，如果你的选择不够美好，那么这个时候你就要学会为自己以后的选择变得成功，如果你想要让自己的选择成功，那么你就要学会让自己现在失败的选择找到价值，失败的教训就是财富，错

265

误的选择的结果也是财富。

　　李小然有自己的车和房，过着惬意的生活，一次和朋友晚上喝完酒，自己开车回家，因为酒精的原因，他撞倒了骑自行车的一个残疾人，他看到老人在地上呻吟，当时李小然很害怕，不知道怎么做，他看到周围没有人，于是就选择了逃走。

　　老人被路人送到了医院，李小然逃逸后内心也十分不安，一天警察找到了他，他知道这一天终会来临的，最终他被判刑，他很后悔当初自己的选择，如果当时自己没有逃走就不会出现这样的事情，说不定那个老人也不会成为植物人。

　　通过这件事情，对李小然以后的生活产生了很大的影响，他出狱之后开始自己新的生活，虽然内心还是很愧疚，但是他希望自己以后的生活能够帮助更多的人，他知道一个人犯了错是不应该逃避的，尤其是当你在选择的时候，当你犯了错，你就应该选择承担责任，而不是逃避责任。现在的李小然有自己的公司，并且在他的公司里很多人都是残疾人，他希望自己能够用这种方式来弥补自己内心的愧疚。

　　不管你做出怎样的选择，如果你的选择是错误的，那么你就要为你的选择负责。将失败或者是错误当成是一次教训，最终找到正确的路，正如同李小然，因为自己的行为，让人生有了一定的改变，自身也认识到了错误，对自己的人生负责，也就是间接地对别人负责。

人生中有很多的财富，只是你不知道而已，如果你能够懂得积累财富，那么你最终会实现自己的愿望，不管你的选择是对是错，如果你善于积累财富，将自己曾经的失败当作是人生的一种修炼，将自己的成功当作是人生的一次锻炼，那么你会从中总结出很多的经验，最终实现自己的成功。

不管是伟人还是成功人士，都是经过数次的选择之后才找到自己真正的位置，最终实现自己的理想或者是实现自己的成功。比如说鲁迅先生，正是他的弃医从文，成就了中国文学界的辉煌，让中国人民在那个艰难的时期拥有了新的知识和活力。这就是一个人正确选择的价值，如果一个人能够做出正确的选择，那么受益的人不仅仅是自己，同样还会对其他人产生好的影响，甚至会帮助别人实现自己的愿望，这就是一个人的成功，也是别人的成功。所以说，当你选择成功了，你要善于利用自己的成功帮助别人，让别人知道自己的成功也是有价值的，这样你会发现自己最后的选择是那么有价值。

只要你敢做出选择，那么不管结果如何，你已经拥有了别人不曾拥有的财富。在选择面前，你应该成为一个勇者，而不是在选择的时候唯唯诺诺不敢选择。人需要的是敢于为自己选择，你的人生需要做出属于自己的选择。如果在选择的时候你总是想要依赖别人，那么最终你是无法实现自己的成功的。当然，如果你能够真正地为自己的人生做出一个大胆的选择，即便结果不尽如人意，你也是一个勇者。

人生就是财富的积累，而财富来自于很多方面，比如说你的经历和阅历、你的选择和梦想、你的挑战和竞争，这些都是你的人生财富积累的手段，要知道这种方式往往会让你感知到自己存在的价值。所以，如果你想要为自己的人生积累一定的财富，那么就要学会去做出属于自己的选择。在你选择的时候，不要过多地依赖别人，要知道没有人希望他们的朋友总是这样地懦弱，一个成功者绝不会不敢做出属于自己的人生抉择，即便是错了，他们也不会为自己的选择后悔。当然一个懦弱的人，总是想方设法逃避，或许这个选择并没有那么可怕，但是因为自己内心的胆怯，他们选择逃避，甚至是放弃，这样的人很多。如果你想要逃避，你最终是不会得到快乐的。

看过《士兵突击》的人，都会记得许三多的那句经典台词："做有意义的事情"，由此也会想什么才是有意义的事情，不管做什么事情都要知道自己做这件事情是否有意义，而所谓的"意义"又是什么？其实，选择也要有意义，不管是对自己还是对别人，都要有意义才行，如果你做出的选择对自己的成功或者是生活毫无意义，那么你的选择怎么会有价值。

拥有更好选择的秘诀

"做有意义的事情"。当你选择的时候或者是选择过后，你要不断地回忆这句话，如何让自己的选择更有意义，那么你就要善于总结自己的选择，从对的选择中找出成功的经验，从错误的选择中，总结出失败的教训，这样你会发现不管选择对与错，都会变得很有价值、很有意义，这样已经足矣。

昨天的岔路，今天不可走

想必大家一定听说过"覆水难收"这个成语，泼出去的水怎么可能收的回来，泼了就是泼了。逝去的年华怎么可能重新来过，逝去了就是逝去了，昨天的路怎么可能重新来走，走过了就是走过了。

世界上没有卖后悔药的，不管你做出什么样的选择，这都是你自己的选择，不管你做出的选择怎么不合适，你一旦选择了，就没有办法重新选择，昨天的岔路，今天怎么可能重新来走，就像是昨天开放的昙花，今天怎么可能重新为你开放，不要期望自己曾经错误的选择，今天能够挽回，即便你希望挽回，也不一定有机会来挽回，过去了就是过去了，逝去了的就是逝去了。

其实每个人做出一种选择的时候，就在放弃另外一种选择，选择就是比较，比较哪个选择更有价值。这样看来，我们做什么样的选择都没有绝对的好，也没有绝对的坏，关键是看我们喜欢怎样的生活，是否符合你自己的心愿，最重要的是我们能否对自己的选择负责。什么是对自己的选择负责呢？其实，负责这个词语很简单也很难，很多人认为负责就是不要让自己做到恶事情后悔，就是自己做出了选择后就要认真地对待自己的选择，要相信它是你目前最好的选择；无论什么情况下不以别人的态度影响自己选择的坚定信念；同时还要付诸行动，要尽自己的最大努力，去迎接挑战。光有志向和端正的态度其实还远远不够，还必须有持之以恒的毅力。其实，一个负责的选择，就是一场负责的人生，不管你的选择结果如何，最终当你回想自己曾经的选择的时候，你不会感觉后悔。

"古之成大事者，不唯有超世之才，亦必有坚忍不拔之志"，在竞争激烈的今天，我们更不能仅靠聪明和才华取胜了。"智者思无惑；强者行无疆"，思考和睿智固然对于我们在竞争中取得胜利有相当重要的作用，但我始终认为"行动"是一个最简单也是最重要的因素。行动了不一定成功，但不行动是永远不可能成功的。当你希望自己获得成功的时候，就要明白自己的成功是要付出代价的，那么注定选择的时候学会放弃，在你放弃的同时你才能够获得更多的成功，但是，如果你不能够分清自己的方向，你很有可能在选择的时候放弃了自己本应该选择的那条路，最终走上岔路。

我们必须是一个彻底的行动主义者：必须有不怕苦、不怕累，迎难而上的拼搏精神；必须有不怕挫折、不怕失败的挑战精神；必须有屡败屡战、不达目的不罢休的坚持精神。海尔总裁张瑞敏先生也曾说道："执着是一个好员工和好领导必须具备的重要品质。"其实选择什么样的生活，选择什么样的工作，前提都必须是我们自己喜欢的；什么样的选择都必须面对现实，天上没有掉下的馅饼，人生都需要奋斗。对自己的选择负责，因为是我们自己选择的；我们都是成年人了，我们应该能够也必须对自己的选择负责了。要想对自己的选择负责，就必须明白一个道理，那就是人生没有回头路，今天犯的错，明天不一定有弥补的机会，昨天的岔路今天也不能够重新来走，所以说不管是在什么时候都要让自己的选择不后悔，不管是你在做什么事情的时候，你都不要因为选择而后悔，更加不要因为自己今天的选择失误而后悔莫及。

人怎么可以允许自己在一个地方摔倒两次，如果你想要实现自己的梦想，那么你就要明白，只要是自己经历的失败，那么都不应该重来，也不能重来，如果你想要实现自己的成功，那么你就要学会让自己成为一个善于汲取失败教训的人。在一个地点你不能够允许自己摔倒两次，因为机会并不多，你如果总是在机会面前失败，那么你还会拥有机会吗？

拥有更好选择的秘诀

如果泼出去的水可以重新收回来，如果逝去的容颜可以重新逆转，如果昨天选择的岔路可以重新来走，那么，选择还是否拥有那么大的魔力，选择是否还有那么大的价值。所以说不要埋怨自己昨天错误的选择，今天没有机会来挽救，更加不要想着昨天的岔路今天重新来走，学会面对自己昨天的选择，学着让自己不再后悔，学着让自己做出更好的选择。

总分总，一样可行

当你打开电脑，搜索"总分总"的意思的时候，往往会显示出"总"的意思，然后显示出"分"的意思，最后会显示"总分总是阅读和写作过程中的解析文章的一种结构方式。开头提出论点（开门见山），中间若干分论点，结尾总括论点（或重申论点，或总结引申），而几个分论点之间可以是并列关系、层递关系、对比关系等，但不能是包含关系或交叉关系"。总分总，到底有什么意义和内涵。

选择其实是一个步骤，在你选择之前，你要总结，总结归纳自己以往拥有的，或者说要总结一下自己做出这样选择的依据是什么，不管你做出什么样的选择，都要有依有据，这样你才能够做出更好的选择，在你选择的时候，你要明白自己的选择都有什么依靠，自己依据哪些条件来做出自己的选择，但是这个时候你更加明白自己做出选择要具备的条件，这就是第一个"总"。

分，就是将你做出的选择分解，分成几个步骤来完成，或者说当你做出选择的时候要知道接下来自己要分开怎么完成，要知道很多时候一个选择是包含很多步骤的，如果你能够实现自己的选择，那么你最终是会实现自己的成功的，就像是拼图，只有你将其中一块一块的拼图拼成功，那么你才能够实现自己最终的成功，才能将整个拼图完成，展现出完美的画面。分解自己选择的步骤，一步一步地去实现，这样你会发现自己成功的选择，或者说做出适合自己的选择将不是一件难事。

总，就是总结自己的经验和教训，不管你选择的结果如何，要知道选择的经验教训是很重要的，当你选择的结果是失败的时候，不要简单地将自己的思想停留在沮丧上，更不要花费时间去难过，要总结自己失败的教训，找到自己失败的原因，这样你才会发现自己的下一次选择还是否存在这样的陷阱，最终，才会规避陷阱。如果你选择成功，就要善于总结自己成功的经验，在下一次选择的时候，你会发现自己的选择将是一件很简单的事情，自己以往的经验是会帮助自己实现成功的选择的，每个人都会有每个人的选择，如果你善于总结，那么你的选择结果往往会让你感觉到满足。

总、分、总，是一个步骤，让你成功的步骤，如果你能够实现自己的成功，那么你会发现自己的选择是离不开这几个字的，不管在什么时候，都要善于用你的理智思维，如果你善于分解自己眼前的失败或者是眼前的选择，那么你会发现选择之前，或者是选择之后，事情都会很简单，人生不管是在什么时候，最重要的就是让自己的选择更加有价值，选择这样的方法，就是选择了一种做出更好的选择的技巧，这样你会发现自己的选择其实就是一种技巧，最终你会运用这种方式来让自己获得成功。

当然不一样的选择，总结、分解、总结的内容是不一样的，但是再不一样的内容也是有相同之处的。比如说一个人选择上什么样的大学和选择从事什么样的工作都是相通的。如果你能够分析自己高考的分数之后，分解自己擅长的科目，再总结自己选择大学之后的人生，那么你会发现选择一所自己喜欢的大学和选择自己一份喜欢的工作是相互连带的，最终你也能够实现自己的成功。所以，不管是做出什么选择还是做出什么样的决定，步骤都是总、分、总。

人生就像是一篇文章，需要我们去总结、分析、总结，因为在我们的内心世界中，过一段时间后可能对事物会有新的认识。当你选择了新的认识，你需要的就是让自己变得更加实际，总结这段时间自己思想的进步，从而找到更好地办法，为自己的成功奠定基础。当你将成功提上日程的时候，你就应该分析，分析自己接下来要怎么去选择，要怎么更好地去经营自己的人生，因此分析就成了你必须走的步骤，如果你少了这一步，那么最终失败的还是你自己。最后还要有一步，那就是总结，总结自己想要走的路，总结自己经历的事情，如果你能够总结清楚，那么最终你会发现自己的成功就在眼前，最终自己也不会失败。每个人都需要对自己的成功做一个总结，即便是对自己失败的经历也要做出一个总结，要知道一个人如果能够总结自己的人生，那么最终就能够实现自己的成功。

不管是做什么事情，总结都是相当重要的，只要能够做出适合自己的总结，那么你就能够对自己有一个清醒的认识。一个人最难能可贵的就是对自己有一个清醒的认识，如果能够认识自己的人生，那么最终得到的也将很丰富，如果你对自己没有一个很好的定位，那么最终你是无法实现自己的成功的，人生的每个阶段都需要你用心地去耕耘。

一个人，如果对自己的定位过高，那么最终失败的会是自己，如果你对自己的定位太低，那么最终你也无法实现自己的人生价值，在一个人的生活中，如果你想要实现自己的成功，那么最终你会发现自己已经成功了一半，但是，如果你不能够很好地总结自己以往的经历，为自己以后的生活做出一定的指导，那么最终你也不会实现自己的合理定位。对自己的定位往往比一切都重要，因为只有你定位准确，才能够实现成功，所以说不管在什么时候都要切记，要懂得为了自己的成功而定位。在人生的总结和分析中实现自己的合理的定位，最终实现自己的成功抉择。

如果你能够做出更好的人生抉择，为什么不尽自己的最大努力做出更好的选择呢？如果你能够让自己获得更大的成功为什么不学着让自己获得更大的成功呢？如果你能够让自己运用简单的步骤，做出最复杂的选择题的时候为什么选择这个步骤呢？总结、分析、总结就是一个不错的选择步骤，对于做出更好的选择一样可行。

拥有更好选择的秘诀

总结你的经验，不管是在什么时候，经验教训都是要总结的，人生每一段时间就会有总结的东西，所以说在选择之前总结是没有坏处的，分析，分析自己选择中需要做的事情，这样能让你清楚自己的目标，这样你会发现自己的选择其实是一件很好的事情，最后还是要总结，当你实现你的选择结果的时候，要总结自己成功中是否有不足之处，如果你的选择失败，也要总结，总结自己选择失败的原因，在以后的选择中避免失败再次出现。

本章小结

　　一片叶子有一种纹路，一个人有一个人的人生，但是不管是在什么样的人生中，你的最终目的就是为了让自己获得更大的成功，让自己获得内心的满足，所以要想实现好的选择就要学会寻找方法。当你面对自己的人生抉择的时候，要学会从过去的时光中总结出经验，这样你才会成功。

　　人生阅历很重要，很多人以为自己没有过多的人生经历会让自己变得简单，起码想事情不会变得复杂，但是要知道不是每件事情都是简单的，尤其是面对选择，很多选择都很复杂，因此要想做好选择，就要学会让你的人生阅历来帮助你，要善于回过头来总结失败的教训，这样你会发现教训像金子一样可贵。同样地，不要总是抱怨上天的不公，要知道抱怨只是在浪费时间，善于总结的人总是能够让自己获得更大的成功。同样地，要对自己的选择负责，今天的岔路明天是不会重新来走的，更加不要在选择的时候没有步骤，如果你能够有步骤地做出选择，那么你很快就能够看到成功的曙光，要想做出更好的选择，就要让自己以往的经验教训来发挥作用。

下篇　无悔昨天选择，坦荡应对今生